Arvid Kellgren

Zur Technik der schwedischen manuellen Behandlung

Arvid Kellgren

**Zur Technik der schwedischen manuellen Behandlung**

ISBN/EAN: 9783742869944

Hergestellt in Europa, USA, Kanada, Australien, Japan

Cover: Foto ©berggeist007 / pixelio.de

Manufactured and distributed by brebook publishing software (www.brebook.com)

Arvid Kellgren

**Zur Technik der schwedischen manuellen Behandlung**

# ZUR TECHNIK
## DER SCHWEDISCHEN
# MANUELLEN BEHANDLUNG.
## (SCHWEDISCHE HEILGYMNASTIK.)

VON

Dr. ARVID KELLGREN (Univ. Edin).
RITTER DES KAISERLICH-OESTERREICHISCHEN ORDENS DER EISERNEN KRONE III. CLASSE.

MIT 79 ABBILDUNGEN IM TEXT.

BERLIN 1895.
VERLAG VON AUGUST HIRSCHWALD.
NW. UNTER DEN LINDEN 68.

# Vorwort.

Auf den Vorschlag des Herrn Dr. Eugen Gruber, Linienschiffsarzt in der k. k. Oesterr.-Ungarischen Kriegsmarine, den ich an Bord der k. k. Yacht „Miramar" im Herbst 1888 kennen lernte, wurde mir die Gelegenheit geboten, im Marine-Hospital in Pola über die manuelle Behandlung sechzehn Vorträge zu halten. Ich konnte auch dort die Anwendung an verschiedenen Kranken zeigen.

Da ich sah, dass es schwer war, die Technik der verschiedenen Bewegungen im Gedächtnis zu behalten, entschloss ich mich, sie zu beschreiben und durch Abbildungen verständlich zu machen.

Die Marine-Section des Kriegsministeriums in Wien erwies mir die Ehre, meine Beschreibung der Bewegungen im Sanitätsbericht der Kaiserl. Königl. Kriegsmarine für das Jahr 1888 aufzunehmen.

Ich ergreife diese Gelegenheit, um den Herrn Dr. E. Gruber und Dr. Max Brilliant für die Mühe, die sich diese Herrn für die Uebersetzung ins Deutsche damals genommen haben, meinen herzlichsten, aufrichtigen Dank zu sagen.

Herr Dr. Basso-Arnoux, der mein Buch ins Italienische übersetzte, hatte die Freundlichkeit, mir die Clichés der zwei grossen Bilder, die mein Institut für schwedische manuelle Behandlung in London mit den darin befindlichen Apparaten darstellen, zuzusenden.

Was die Methode der von mir beschriebenen, manuellen Behandlung betrifft — und sie ist hauptsächlich die, welche mein Bruder, Director Henrik Kellgren gebraucht — lässt sie sich wesentlich dadurch characterisieren, dass

1. ich immer die trockene Massage anwende. Diese hat neben anderen Vorteilen auch den, dass es meistens nicht nötig ist, den Körper des Patienten zu entblössen.

Dr. Hoffa hat in seinem Werk „Technik der Massage" jede „Massage, die nicht auf dem blossen Körper gegeben wird, als Charlatanerie" bezeichnet. Ich kann das nur dadurch erklären, dass er diese Art der Massage nicht kennt, oder wäre es wirklich möglich, dass Dr. Hoffa sich nicht zurechtfinden könnte um z. B. die Bauchmassage zu geben, wenn ein leinenes Hemd zwischen seiner Hand und dem Leib des Kranken ist?

Sollte dies der Fall sein, wäre es jedenfalls angenehm für die Patienten des Herrn Dr. Hoffa, wenn er sich entschliessen würde, dies zu lernen.

2. Ich gebe die Behandlung nicht in derselben harten Weise, wie es die Anhänger Metzger's thun, aus der Beschreibung der Bewegungen wird das leicht zu ersehen sein. Deshalb brauche ich auch die sogenannte „einleitende Massage" nicht, welche viele Aerzte anwenden und durch die so viel Zeit für den Kranken verloren geht. Auch ein „Wundwerden der Haut" ist mir noch nicht vorgekommen. Wer ein solches Resultat erreicht, giebt sich selbst das Zeugnis, dass er mit einer steifen, harten Hand gearbeitet hat und, dass seine Behandlung eine rauhe war.

3. Ich gebrauche Erschütterungen und Vibrationen metho-

disch, um congestive und inflammatorische Erscheinungen zu vermindern.

4. Ich rege die Nerven direct durch Frictionen und Vibrationen an, wodurch die Circulation reflectorisch beeinflusst wird.

Die manuelle Behandlung ist scheinbar sehr leicht und einfach, und doch können die meisten Leute, wenn es zur thatsächlichen Ausführung derselben kommt, sie nicht richtig geben, weil es absolut notwendig ist, eine leichte und elastische Hand zu haben, das heisst, man muss mit freier Hand und nicht mit Arm und Handgelenk arbeiten, die durch Muskelspannung gebunden sind.

Dies ist gerade das Gegenteil der Idee, die sich verbreitet zu haben scheint, dass es die Hauptsache ist, einen kräftigen Arm und eine kräftige Hand zu haben. Auch der Doctortitel genügt nicht, sondern man muss factische Erfahrung besitzen, um ein richtiges Urteil über die Behandlung geben zu können. Was soll man vom Begriff, den gewisse Aerzte von der Massage haben, denken, wenn man hört, dass sie ihren Kranken schwere „Massage-Kugeln" zur Selbstbehandlung geben?

Und es ist Thatsache, dass solche Dinge vorkommen.

Man liest auch oft, dass die Massage, um zu wirken, zweimal am Tage gegeben werden muss. Warum? Ist es, weil Metzger es so thun soll? Ich sehe diese Notwendigkeit nicht, und es muss schon ein sehr schwerer Krankheitsfall sein, ehe ich ihn zweimal am Tage behandle.

Aus dem Vorhergehenden ist es deutlich, das die Behandlungsmethode, die ich beschreibe und ausführe, sich von anderen unterscheidet, und dass bisher wenig bekannte und angewendete Bewegungen, wie Erschütterungen, Vibrationen, Nervenfrictionen und Nervenvibrationen darin eingeschlossen sind.

Ich wiederhole auch hier, dass die Aerzte die manuelle Behandlung ernstlich studieren müssen, nicht nur in der oberflächlichen Weise besprechen, wie dies jetzt zu oft der Fall ist. Aerzte, die dazu geeignet sind, sollen sie als Spezialität aufnehmen und sie entwickeln. In vielen Krankheiten, wo andere Methoden fehlschlagen und stets fehlschlagen werden, kann die manuelle Behandlung, richtig und sorgfältig ausgeführt, Linderung und Gesundheit bringen.

**Arvid Kellgren.**

*London — Baden-Baden.*
*December 1894.*

94 Cromwell Road.

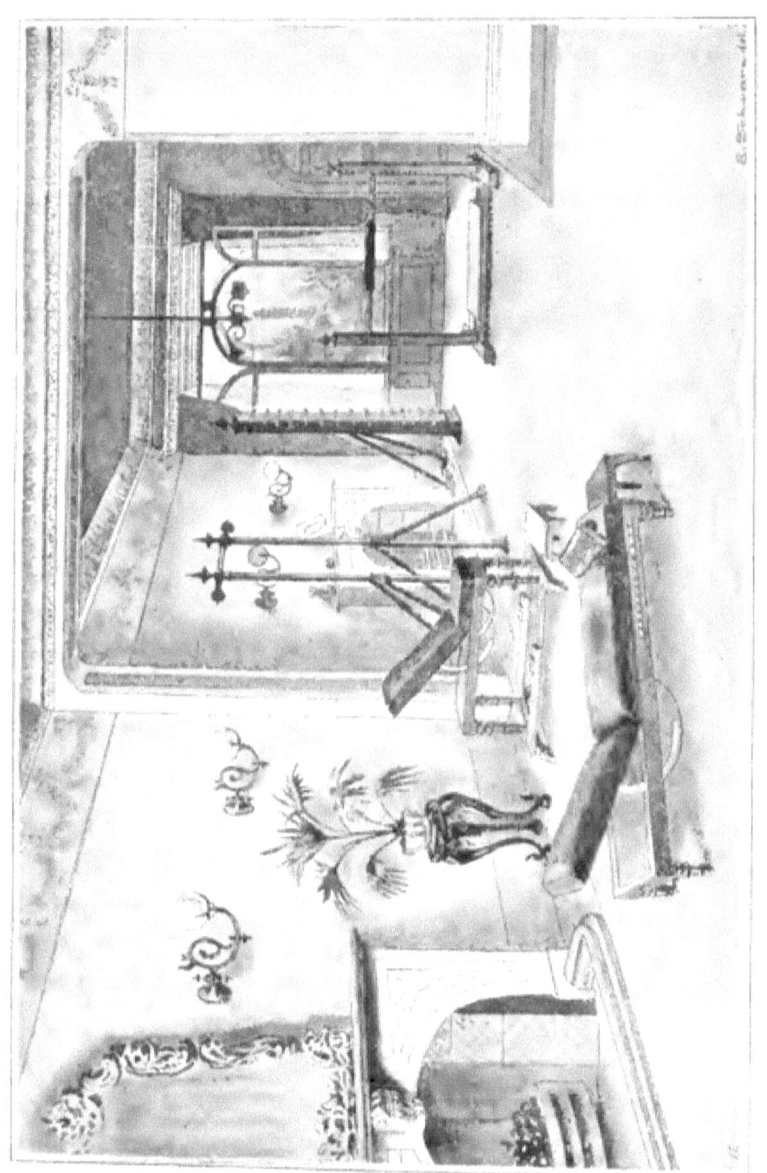

Dr. G. Basso-Arnoux.

# Inhalt.

|   | Seite |
|---|---|
| Einleitung | 1 |

### I. Passive Bewegungen.

| | |
|---|---|
| Effleurage | 9 |
| Pétrissage | 12 |
| Tapotement | 23 |
| Massage à Friction | 29 |
| Allgemeines Rollen und Erschütterung der Arm- und Beinmuskeln | 30 |
| Erschütterung | 31 |
| Vibration | 41 |
| Nervenvibration | 52 |
| Passives Strecken der Muskeln | 85 |
| Einige andere passive Bewegungen | 87 |

### II. Active Bewegungen.

| | |
|---|---|
| Freie | 96 |
| Gebundene | 98 |

### Fälle zur Erläuterung der Behandlung.

| | |
|---|---|
| 1. Mumps | 115 |
| 2. Mandelentzündung | 115 |
| 3. Diphtheritis | 118 |
| 4. Diphtheritische Lähmung | 121 |
| 5. Blasenkatarrh | 124 |
| 6. Migräne | 126 |
| 7. Acuter entzündlicher Magen-Darm-Katarrh bei einem Kinde | 128 |
| 8. Chronischer Darmkatarrh | 129 |
| 9. Bauchfellentzündung | 131 |
| 10. Blinddarmentzündung | 132 |
| 11. Magenkatarrh | 134 |

# INHALT.

|  |  | Seite |
|---|---|---|
| 12. | Neuralgie des rechten N. supraorbitalis | 136 |
| 13. | Stirnkopfschmerz, mit doppelseitiger Neuralgie des N. Trigeminus. nach Influenza | 137 |
| 14. | Graue Degeneration der Hinterstränge des Rückenmarks | 141 |
| 15. | Gicht | 145 |
| 16. | Lupus erythematosus | 149 |
| 17. | Ischias | 150 |
| 18. | Traumatisches Lendenweh und Ischias im rechten Beine | 155 |
| 19. | Rheumatisches Lendenweh | 157 |
| 20. | Traumatisches Lendenweh | 158 |
| 21. | Steifer Nacken und rheumatische Kopfschmerzen | 162 |
| 22. | Sehnenscheidenentzündung | 163 |
| 23. | Narbe auf der rechten Handfläche | 164 |
| 24. | Quetschung des Gesichtes und Gehirnerschütterung in Folge eines Falles aus einem Wagen | 166 |
| 25. | Ulcerierte äussere Haemorrhoiden | 168 |
| 26. | Steifes Knie mit Gewalt gebrochen | 170 |
| 27. | Infra-Clavicular-Luxation des linken Oberarmbeines | 172 |
| 28. | Bruch des unteren Endes des Radius | 174 |
| 29. | Steifheit des Ellbogengelenkes nach Bruch am oberen Ende des rechten Radius | 175 |
| 30. | Doppelter Bruch des Wadenbeines in seinem unteren Drittel mit Bruch des inneren Knöchels | 179 |
| 31. | Doppelter Bruch des Wadenbeines im unteren Drittel, ohne Schienen behandelt | 183 |
| 32. | Bursitis und Synovitis | 185 |
| 33. | Bruch des Olecranon der rechten Ulna von partieller Lähmung und Atrophie der Muskeln des Armes gefolgt | 187 |

von Dr. Arvid Kellgren in London und Baden-Baden.

# Verzeichnis der Abbildungen.

|  |  | Seite |
|---|---|---|
| 1. | Effleurage des Vorderarmes | 10 |
| 2. | Pétrissage der Muskeln (mit einer Hand) | 14 |
| 3. | Pétrissage der Muskeln (mit zwei Händen) | 15 |
| 4. | Pétrissage bei Erguss | 16 |
| 5. | Lage für Pétrissage der Glutealgegend | 17 |
| 6. | Lage für Pétrissage des Unterleibes | 17 |
| 7. | Pétrissage des Unterleibes | 19 |
| 8. | Pétrissage des Colon und des Rectum | 21 |
| 9. | Pétrissage der Nieren | 22 |
| 10. | Lage für Tapotement des Rückens und des Brustkorbes | 24 |
| 11. | Stellung für Tapotement der Leber | 25 |
| 12. | Stellung für Tapotement der Kreuzbein-, Gesäss- und Dammgegenden | 26 |
| 13. | Tapotement des Brustkorbes | 26 |
| 14. | Tapotement des Rückens (Haltung der Hand) | 26 |
| 15. | Tapotement der Kreuzbein- und Gesässgegend (Haltung der Hand) | 28 |
| 16. | Tapotement der Dammgegend (Haltung der Hand) | 28 |
| 17. | Tapotement der Glieder (Haltung der Hände) | 29 |
| 18. | Massage à Friction | 29 |
| 19. | Allgemeines Rollen der Arm- und Beinmuskeln (Haltung der Hände) | 30 |
| 20. | Erschütterung des Pharynx | 32 |
| 21. | Erschütterung des Pharynx | 32 |
| 22. | Erschütterung des Pharynx | 33 |
| 23. | Erschütterung des Pharynx | 33 |
| 24. | Erschütterung des Kehlkopfes und des oberen Teiles der Luftröhre | 35 |
| 25. | Erschütterung der Luftröhre über dem Brustbeine | 36 |
| 26. | Erschütterung am unteren Teile des Brustkorbes | 37 |
| 27. | Erschütterung in der Magengrube | 38 |
| 28. | Erschütterung der Leber (Stellung) | 39 |
| 29. | Erschütterung der Blase in liegender Stellung | 40 |
| 30. | Erschütterung der Blase (stehender Stellung) | 41 |
| 31. | Vibration der Augen (mit beiden Händen) | 44 |
| 32. | Vibration der Augen (mit einer Hand) | 44 |
| 33. | Vibration am Brustkorbe | 46 |
| 34. | Nerv-Vibrationen in der Richtung des Sinus longitudinalis (Stellung der Hand) | 55 |
| 35. | Friction der Nackennerven | 58 |
| 36. | Friction der Supraorbital-Nerven | 63 |
| 37. | Vibration des Subraorbital-Nerven | 64 |

## VERZEICHNIS DER ABBILDUNGEN.

|  |  | Seite |
|---|---|---|
| 38. | Stellung der Finger für dieselbe | 65 |
| 39. | Friction des Nervus facialis | 66 |
| 40. | Nerv-Vibrationen des Augapfels | 67 |
| 41. | Friction des Nervus laryngeus superior | 71 |
| 42. | Friction des Nervus medianus | 82 |
| 43. | Friction des Nervus musculo spiralis | 83 |
| 44. | Friction des Nervus radialis | 84 |
| 45. | Friction des Nervus ulnaris | 84 |
| 46. | Friction des Nervus medianus in der Hand | 85 |
| 47. | Rollen des Kopfes | 88 |
| 48. | Drehen und Beugen des Kopfes | 89 |
| 49. | Rollen im Schultergelenk | 90 |
| 50. | Rollen im Schultergelenk | 90 |
| 51. | Rollen im Handgelenk | 91 |
| 52. | Rollen im Hüftgelenk | 92 |
| 53. | Rollen im Sprunggelenk | 93 |
| 54. | Passive Bewegungen in den Metacarpophalangeal- und Fingergelenken | 93 |
| 55. | Beugung und Streckung des Rumpfes | 96 |
| 56. | Rückwärtsbeugen im oberen Teile des Rückens | 98 |
| 57. | Strecken und Beugen des Knies | 99 |
| 58. | Streckung der Wadenmuskeln | 101 |
| 59. | Erhebung der Beine in der Rückenlage | 102 |
| 60. | Erhebung des Rumpfes | 103 |
| 61. | Streckung des Rückens in der Bauchlage | 104 |
| 62. | Beugen und Strecken des Nackens | 105 |
| 63. | Vor- und Rückwärtsführen der Arme | 106 |
| 64. | Strecken und Beugen der Arme | 107 |
| 65. | Strecken und Beugen im Ellbogengelenk | 108 |
| 66. | Strecken und Beugen im Kniegelenk | 108 |
| 67. | Strecken der Wirbelsäule | 109 |
| 68. | Drehen des Rumpfes in sitzender Stellung | 111 |
| 69. | Erheben des Beines in Seitenlage (Stellung) | 112 |
| 70. | Erheben des Beines bei Widerstand | 112 |
| 71. | Abduction der Knie | 113 |
| 72. | Vibration des Nervus ischiadicus major | 154 |
| 73. | Vibration oder Friction der Lendengegend | 161 |
| 74. | Pétrissage bei Sehnenscheidenentzündung am Handgelenke | 164 |
| 75. | Stellung der Daumen um eine Narbe abzulösen | 165 |
| 76. | Pétrissage des rechten Ellbogen bei Knochenbruch | 177 |
| 77. | Supination und Pronation des Unterarmes | 178 |
| 78. | Stellung der Hände bei Ablösen von Adhäsionen in einem steifen Handgelenk | 178 |
| 79. | Der Daumen als Stütze während Behandlung von Bruch des Wadenbeins gebraucht | 182 |

# Einleitung.

Es sind nun über 80 Jahre her, seit der Schwede Peter Henrick Ling zuerst den Gedanken fasste, Krankheiten durch zweckmässig ausgeführte Bewegungen zu heilen.

P. H. Ling wurde 1776 geboren. Sein Vater war ein protestantischer Prediger. Er bereitete sich in üblicher Weise auf die Universität vor, wo, dem Wunsche seiner Eltern gemäss, er Theologie studieren sollte. Seine Characteranlage zog ihn jedoch zu einem tätigeren Leben hin, und sobald er seinen eigenen Neigungen folgen konnte, begann er den Continent zu bereisen.

Aus der Zeit seiner Reisen ist wenig von ihm bekannt. Sicher ist nur, dass er wohl bewandert in den fremden Sprachen und als vollkommener Meister der Fechtkunst zurückkehrte, aber auch in Folge der Entbehrungen, die er durchgemacht hatte, eine zerrüttete Gesundheit heimbrachte. Dies hinderte ihn jedoch nicht an der Ausübung seiner Lieblingsbeschäftigungen — der Gymnastik und der Fechtkunst, bei denen wir ihn im Anfange dieses Jahrhunderts unermüdlich tätig finden.

Ling erlangte allmälig seine Gesundheit wieder, und als er 1804 zum Fechtmeister der Universität Lund ernannt wurde, war er ein starker, rüstiger Mann. Mit Recht schrieb er dies seinen gymnastischen Uebungen zu, und weiter schloss er daraus, dass, was für ihn selbst so nützlich gewesen, auch andern helfen würde, und dass es möglich sein müsse, Bewegungen zu erfinden, die eine besonders wohlthätige Wirkung auf Kranke haben.

Er war ein Mann von unermüdlicher Energie, die er ganz auf die Ausführung seiner Pläne verwandte. Die Professoren an der Universität Lund waren seine Freunde, und er versuchte sie für seine Ideen zu interessieren, was ihm auch bis zu einem gewissen Grade gelang. Sie gewährten ihm Zutritt zu ihren Vorlesungen über Anatomie und sonstige Gegenstände und halfen ihm in mancher Hinsicht. „Der Fechtmeister", wie er auf dem Continente so gern von vielen genannt wird, die über Massage schreiben, von denen aber die meisten garnichts von seiner Behandlung verstehen, lernte alles, was damals in den verschiedenen Zweigen der medicinischen Wissenschaft gelernt werden konnte. Er benutzte und entwickelte weiter viele schon früher ausgeführte Bewegungen, erdachte selbst viele neue dazu und baute so ein System von Uebungen auf, das unter seinem Namen bekannt ist. Die Wirkungen dieser Bewegungen wurden von ihm beobachtet, und er versuchte, sie auf physiologischer Grundlage zu erklären; aber so wie es unmöglich ist, immer eine Erklärung für die Wirkung vieler Arzneimittel zu finden, so konnte er auch für viele Bewegungen keine Begründung ihrer Wirkung beibringen. In solchen Fällen liess er sich von dem Gesetze der Schönheit leiten, indem er behauptete, dass jede Bewegung, welche an und für sich anmutig wäre, auch wohlthätig wirken müsse.

Er teilte sein System in vier Hauptabteilungen ein
1. In die pädagogische.
2. In die medicinische.
3. In die militärische.
4. In die ästhetische.

Ich beabsichtige, mich in dieser Abhandlung hauptsächlich mit der zweiten Abteilung zu beschäftigen, aber ich kann hierbei erwähnen, dass die „pädagogischen" Uebungen mehr zur Entwicklung und Kräftigung gesunder Menschen dienen, während die „medicinischen" krankhafte Erscheinungen anhalten und bekämpfen. Beide gehen jedoch so allmälig in einander über, dass keine scharfe Grenze zwischen ihnen gezogen werden kann, und daher ist es notwendig beide zu kennen, um den medicinischen Teil des Systems auch für seinen ihm bestimmten Zweck richtig anzuwenden.

## EINLEITUNG.

Ling war darauf bedacht, ein gymnastisches Institut zu gründen und bat daher die Regierung um Hülfsmittel; aber der Staatsminister, an den er sich gewandt hatte, antwortete: „Wir haben schon genug Gaukler und Seiltänzer, ohne dass der Staat sie auch noch unterstützt." Aber 1812 wurden seine Bemühungen mit Erfolg gekrönt, und die schwedische Regierung errichtete das „königliche gymnastische Central-Institut in Stockholm," dessen Leiter er wurde.

Als Ling am 3. Mai 1839 starb, hinterliess er seinem Vaterlande, das ihn unter seine grössten Söhne zählt, in seinem System ein Vermächtnis, welches Tausenden ihre Gesundheit zurückgab, und dessen pädagogischem Teile es seine gesunde und kräftige Bevölkerung verdankt.

Die neue Methode hatte jedoch anfangs mit grossen Schwierigkeiten zu kämpfen, denn kaum begann die Wirkung der Behandlung sich zu zeigen, als die schwedischen Aerzte alles, was nur in ihrer Macht stand, thaten, um den weiteren Fortschritt der Heilgymnastik zu hemmen. Zuerst versuchten sie, das System durch Stillschweigen zu töten oder es durch Spott anzugreifen, allein als sich diese Mittel angesichts der glücklichen Kuren als nutzlos erwiesen, begannen sie einen activen Widerstand.

Diejenigen jedoch, die für das neue System eintraten, — unter ihnen, als Ausnahme von der Regel, einige Aerzte, — waren zu sehr von demselben begeistert, um sich leicht von dem, was sie für recht erkannten, abschrecken zu lassen.

In dem gymnastischen Central-Institut in Stockholm werden regelmässige Vorlesungen über Anatomie und Physiologie gehalten, pädagogische und medicinische Gymnastik, wie auch das Fechten in seinen verschiedenen Zweigen gelehrt. Kein Zögling wird in das Institut aufgenommen, der nicht die Aufnahmeprüfung für die Universität bestanden, was dem deutschen Abiturienten-Examen gleichkommt.

Als ich die Jahre 1877—79 in dem Institut zubrachte, war nur ein zweijähriger Cursus nötig, um ein Diplom zu bekommen, aber 1888 wurde ein dreijähriger Cursus eingerichtet. Der Cursus dauert alljährlich 9 Monate, vom 1. September bis 15. Mai. Das letzte Jahr wird gänzlich dem Besuche der Vorlesungen gewidmet, sowie auch den Kliniken und der Ausübung der verschiedenen Bewegungen an den Kranken, die sich der Behandlung unterziehen. Sie bestehen aus zwei Klassen; diejenigen, die am Morgen kommen, müssen bezahlen, während die Armen am Nachmittage unentgeltlich behandelt werden. Diese wertvolle und notwendige Erweiterung im Unterrichtscursus verdanken wir dem jetzigen Leiter des Instituts, Professor L. M. Törngren, dem Professor Hartelius und den anderen Lehrern, die mehr als sechs Jahre eifrig der Annahme dieser Massregel bei dem schwedischen Medicinal-Collegium das Wort geredet haben.

Es wird vielfach angenommen, dass das Ling'sche System und die Behandlung, die heutzutage unter dem Namen „Massage" bekannt ist, zwei ganz verschiedene Dinge sind. Das ist aber ein grosser Irrtum, denn die Handgriffe der Massage sind nur ein geringer Teil der passiven Bewegungen des Ling'schen Systems. Dass dem so ist, kann ein jeder leicht erkennen, sobald er nur liest, was Ling und seine direkten Nachfolger darüber geschrieben haben. Andererseits ist es vollkommen wahr, dass Aerzte in Schweden, ihr eigenes National-Institut missachtend, „über den Fluss gegangen sind, um Wasser zu holen," und die Massage von Metzger oder seinen Schülern gelernt haben.

Es sei mir noch gestattet hinzuzufügen, dass ich keinen Teil der Behandlung unter irgend jemand anders als meinen eigenen Lehrern in dem königl. gymn. Central-Institut in Stockholm, von denen aber jetzt keiner mehr dort tätig ist, und meinem Bruder, Director Henrik Kellgren, unter dessen Leitung ich mehr oder weniger während der Jahre 1876—1886 arbeitete, gelernt habe. Auch habe ich nicht alle Schriften über Massage und Ling's System („Schwedische Heilgymnastik") gelesen, die jetzt überall auf dem Continente auftauchen. Aber die wenigen Bücher, die ich darüber gelesen habe, und deren Abbildungen getreue Illustrationen von Ling's Uebungen vorstellen sollen, sind in den meisten Fällen unrichtig.

Ein anderer Eindruck, den ich noch aus diesen Büchern

empfangen habe, ist der, dass diese Schriftsteller, wenn sie überhaupt je in Stockholm waren, im Sommer dort gewesen sein müssen, wann die Anstalt geschlossen ist, oder dass sie jedenfalls sich eine zu kurze Zeit dort aufgehalten haben, um etwas lernen zu können.

Noch möchte ich anführen, dass ein Teil von dem, was ich beschreibe, die meisten Erschütterungen, fast alle Vibrationen und Nerv-Vibrationen, nicht zum ursprünglichen Ling'schen System gehören, sondern von meinem Bruder, Henrik Kellgren, einem Schüler von Ling, jun. hinzugefügt wurden.

Ich brauche wohl kaum zu erwähnen, dass wir Anhänger des Ling'schen Systems, so wie er es lehrte, keine Maschinen zu Ausführungen der Bewegungen anwenden. Natürlich haben wir Geräte, wenn ich sie so nennen darf, auf oder neben welchen der Kranke gewisse Stellungen einnehmen kann, wodurch wir in den Stand gesetzt werden, ihm die Uebungen, wo und wie wir es wünschen, zu geben. Maschinen können unmöglich die Stelle der menschlichen Hand, welche durch das Gehirn geleitet wird, ersetzen. Könnte die Maschine fühlen und denken, möchte es wohl anders sein. Der Zustand des Kranken verändert sich täglich, und die Behandlung muss dem entsprechen. Dieses kann nur geschehen, wenn wir unsere Hände, nicht aber, wenn wir Maschinen gebrauchen. Professor Branting, der grösste aller Schüler von Ling sen., sagte von diesen Maschinen: („De representera hedendomen i gymnastiken") — sie stellen die heidnische Zeit der Gymnastik dar. Ich gebe gern zu, dass es viel bequemer ist, mit Maschinen zu arbeiten, aber da wir doch vor allen Dingen den Kranken berücksichtigen sollen, zögere ich nicht einen Augenblick mit der Behauptung, dass keine Maschine Resultate erzielen wird, die sich vergleichen lassen mit richtig ausgeführten Bewegungen der Hand.

Man glaubt gewöhnlich, dass die manuelle Behandlung ganz ungeeignet für acute Entzündung der Gelenke und anderer Teile ist. Diese allgemeine Annahme beruht aber auf einem vollständigen Irrtum. Wenn wir uns natürlich nur auf die gewöhnlichen Massagebewegungen bei acuten Zuständen verlassen, und sie so ausüben, wie die Metzger'sche Schule sie vorschreibt, kann man wenig nützen, wahrscheinlich aber schaden. Versteht man aber die Bewegungen mit leichter Hand zu geben, so ist es ganz etwas anderes. In Vibrationen und Nerv-Vibrationen besitzen wir aber eine starke Waffe, mit der wir dieselben bekämpfen können. Die Schwierigkeit liegt in der Anwendung dieser Vibrationen, denn wenn sie mit ungeschickter Hand gemacht werden, so ist die Wirkung oft eine durchaus nicht wohlthätige; diese Thatsache aber kann doch kaum als Grund gegen ihre Anwendung oder gar gegen die Behandlung selbst angeführt werden.

Unter den Fällen, die ich später beifüge, wird man Beispiele finden von acuten Entzündungen, wie Diphtheritis, Mandelentzündung, Parotitis, frische Knochenbrüche u. s. w., die sofort behandelt wurden.

Wenn ich jemand behandle, so brauche ich niemals Oel oder Salbe irgend welcher Art. Die trockene Massage ist reinlicher, giebt der Hand ein besseres und sichereres Gefühl, macht die Bewegungen gleichmässiger und enthebt uns meistens der Notwendigkeit, den Körper des Kranken zu entblössen, ausser gelegentlich zu Zwecken besonderer Untersuchung. So kommt z. B. bei Petrissage des Unterleibes ein leinenes oder seidenes Gewand zwischen die Hand des Operateurs und den Körper des Kranken.

Ausserdem muss ich noch hinzufügen, dass nie der theoretische Unterricht allein jemand lehren wird, die Uebungen richtig zu machen. Zur vollkommenen Erlernung der Bewegungen sind mehrere Jahre sorgfältiger Arbeit nötig, wie man aus der Thatsache sehen kann, dass der Cursus in Stockholm auf drei Jahre ausgedehnt worden ist. Ausserdem ist für die Behandlung eine besondere Fähigkeit erforderlich, die selbst lange Arbeit nicht verschaffen kann, ebenso wie der eine zur Ausübung der Chirurgie eine angeborene Fertigkeit und Geschicklichkeit besitzt, wonach ein anderer Jahre lang strebt, ohne sie erlangen zu können. Kurz, die Behandlung ist eine solche, dass man sie nicht leicht neben anderen Arten der medicinischen Tätigkeit aufnehmen kann, sondern die man entweder ganz ausschliesslich ausüben oder ganz unterlassen sollte.

Der ärztliche Teil von Ling's System zerfällt in:

## I. Passive Bewegungen.

Passive Bewegungen sind solche, welche an dem Kranken oder mit einem Teil desselben vorgenommen werden, ohne seine Beihilfe oder seinen Widerstand.

Diese sind:

1. Effleurage,
2. Pétrissage,
3. Tapotement,
4. Massage à Friction,
5. Allgemeine Erschütterungen und Rollen der Muskeln,
6. Erschütterungen,
7. Vibrationen,
8. Nerv-Vibrationen,
9. Passive Streckungen der Muskeln,
10. Rollen, Streckungen, Beugungen in verschiedenen Gelenken.

## II. Active Bewegungen.

Die Bewegungen werden activ genannt, wenn der Kranke selbst einen tätigen Anteil daran nimmt.

Sie werden eingeteilt in:

1. Freie, i. e. Bewegungen, die der Kranke ohne jede Beihilfe ausführt,

2. Gebundene, i. e. Bewegungen, welche entweder gemacht werden während man Festigkeit und Isolation durch Apparate bewirkt, oder unter Widerstand.

Die unter Widerstandsleistung ausgeführten sind wieder solche,

1. Wo der Arzt und

2. Wo der Kranke den Widerstand leistet.

# I. Passive Bewegungen.

Durch die passiven Bewegungen wirken wir mehr oder weniger direct auf die zu behandelnden Teile oder Organe ein. Da sie besonders die Circulation der Venen und Lymphgefässe beeinflussen, so müssen sie alle in der Richtung dieser Ströme gemacht werden. Die allen gemeinschaftliche physiologische Wirkung besteht in der Beförderung der Aufsaugung.

Einige dieser passiven Uebungen, die nur mit einem Körperteile des Kranken ausgeführt werden, nähern sich in ihrer Art und Weise den activen Bewegungen, wie das Rollen irgend eines Gliedes, z. B. des Armes, wenn man im Schultergelenk eine schnelle Drehung macht.

## Effleurage.

Die Effleurage ist eine streichende Bewegung in der Richtung nach dem Herzen zu, wodurch besonders auf den Kreislauf in den Venen und den Lymphgefässen in den äusseren Teilen, wie der Haut, den Zellgeweben unter der Haut u. s. w. gewirkt werden soll. Die Effleurage kann sowohl leicht an der Oberfläche, als auch tiefer eindringend angewandt werden; der Druck wechselt vom kaum fühlbaren Berühren bis zu einem Druck von bedeutender Intensität ab. Die Kraft, die man bei jeder einzelnen Streichung anwendet, muss zuerst leicht sein, dann allmälig gesteigert werden, wenn sich die Hand den freieren und gesunderen Teilen nähert; niemals sollte sie gleich von Anfang an mit Nachdruck angewandt werden.

Der Zweck der leichten Effleurage ist, Schmerzen zu lindern und aufgeregte Nerven zu beruhigen indem man auf die Enden der Gefühlsnerven in der Haut einwirkt, während die tiefe Effleurage bezweckt, die Säfte nach aufwärts zu befördern. Beide Bewegungen müssen aber, meiner Meinung nach, auf jeden Fall langsam gemacht werden. Wenn nämlich die Hand rasch über die Haut geführt wird, so entstehen bei der ersteren Unruhe anstatt Ruhe, bei der letzteren Hitze und Röte an der Oberfläche. Der Behandelnde hat so Hyperämie der Haut, d. h. Blutandrang nach der entfernteren Umgebung des Ergusses hervorgerufen, was sicherlich nur ein recht zweifelhafter Vorteil ist. Ausserdem verursacht die tiefe Effleurage, wenn schnell gegeben, dem Kranken mehr Schmerzen.

Wenn die Effleurage leicht an der Oberfläche ausgeübt wird, so sollte sie immer am oberen Endpunkte des Gliedes anfangen; ist sie jedoch eine tiefer eindringende, so müssen die ersten Manipulationen etwas über der oberen Grenze der Anschwellung beginnen.

Fig. 1.

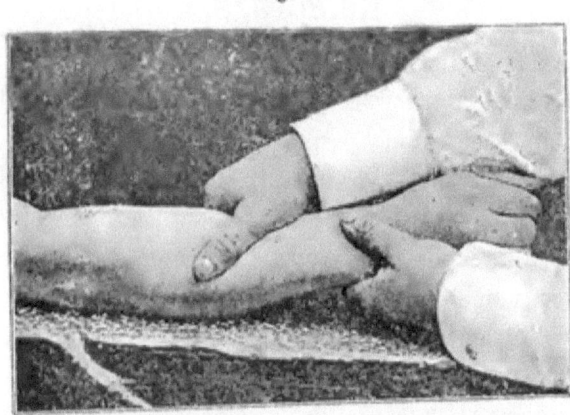

Nehmen wir z. B. die Effleurage des rechten Vorderarms bei Ergüssen (Fig. 1).

Der Arm des Kranken wird auf einen Tisch oder einen anderen festen Gegenstand gelegt, und der Behandelnde umfasst ihn — behufs Fixirung — mit der linken Hand. Nun macht er mit seiner rechten Hand eine streichende Bewegung von unten nach oben, indem er zuerst oberhalb des Ergusses anfängt und bei jeder folgenden Bewegung die Hand niedriger ansetzt, bei jeder Bewegung die normale Richtung nach oben beibehaltend.

Die ersten Streichungen werden oberhalb des Ergusses gemacht, damit die Gewebe darüber zu grösserer Thätigkeit angeregt werden, und man fängt die Bewegung allmälig niedriger und niedriger an, weil die jedesmalige Menge des Ergusses, welche nach vorn getrieben wird, bei weitem geringer ist, als wenn man gleich zuerst am Ende des Gliedes angefangen hätte. Hiervon ist wiederum die Folge, dass man mehr Kraft anwenden kann, dem Kranken weniger Schmerz verursacht wird, und die Aufsaugung rascher vor sich geht.

Der Arm des Behandelnden muss mit dem Arme des Kranken möglichst parallel gehalten werden; dadurch ist die Behandlung viel leichter zu geben und wird zarter, weil jede Biegung im Handgelenk sie steifer macht, im behandelten Teile grösseren Druck verursacht und die Kraftwirkung ablenkt.

Welcher Teil der Hand gebraucht werden soll, hängt von dem zu behandelnden Körperteile und von der die Behandlung erheischenden Ursache ab; so wird z. B. am Knöchel oder bei der Verdickung einer Sehne das Nagelglied des Daumens oder der Finger gebraucht, doch nicht so spitz aufgelegt, wie es in den meisten Abbildungen gezeigt wird.

Was mich anbetrifft, so fange ich niemals mit Effleurage an, sondern lasse ihr immer irgend eine andere Bewegung, wie z. B. die Petrissage vorausgehen. Die meisten Aerzte hingegen beginnen gewöhnlich mit derselben. Es giebt sogar, wie ich höre, einige, die als Vorbereitungskur ihre Behandlung mehrere Tage hindurch auf diese Bewegung allein beschränken, und zwar nur um die kranke Stelle herum, wenn der Kranke Schmerzen empfindet, wie bei einer Verrenkung. Damit wird dem Erguss Zeit gelassen, sich festzusetzen, und der im Anfang dadurch verursachte Schmerz wird nicht gelindert. Ein solches Verfahren ist einfach Zeitverschwendung. Ich habe bei frischen Verstauchungen, Verrenkungen und Knochenbrüchen der Fibula (des Wadenbeins), des Radius (der Speiche), am Ellbogen und Verrenkungen der Schulter Pétrissage und Effleurage sogleich angewandt, und ich habe noch nie den geringsten Grund gehabt, dieses Verfahren zu bereuen.

Ein noch grösserer Irrtum aber ist es, Effleurage bei neuralgischen Schmerzen anzuwenden, weil es eine leichtere und wirksamere Behandlung dagegen giebt, nämlich die Nerv-Vibrationen.

Sowie Effleurage bei irgend einem Leiden angewandt wird, bei dem die geringste Bewegung schon Schmerzen verursacht, dann muss eine Hand den schmerzhaften Teil fixiren. Ich mache mir dies sogar zur Regel, auch wenn keine Schmerzen vorhanden sind, weil ich das kranke Glied dadurch mehr in meiner Gewalt habe und die Behandlung eine um so sicherere sein kann.

Ich habe mehrere Abbildungen von Effleurage des Halses gesehen. Meiner Meinung nach ist meistens ein Fehler dabei: das Zurückbeugen des Kopfes. Diese Bewegung soll wohl ihre Wirkung durch den centripetalen Druck auf die Vena jugularis interna erreichen. Betrachtet man aber die anatomischen Verhältnisse jener Teile, so findet man, dass der Sternocleido mastoideus und der Omohyoideus die Drosselvene kreuzen und daher einen Druck ausüben müssen, wenn der Kopf rückwärts gebeugt ist. Nichts sollte so sehr vermieden werden, als die Stellungen, welche den venösen Kreislauf hindern, ganz besonders, wenn, wie in dem vorliegenden Falle, sie gänzlich unnötig sind, da ja die vollständig aufrechte Haltung die einzig richtige ist.

Was die Dauer der Effleurage betrifft, so hängt sie von der Krankheit ab. Ich kann unmöglich ein Urteil darüber geben, wie lange Effleurage gegeben werden soll, um nur den Schmerz zu lindern, weil ich stets dabei Nerv-Vibrationen anwende. Sonst aber ziehe ich immer einige langsame, tief und sorgfältig ausgeführte Striche einer Menge leichter und oberflächlicher vor.

## Pétrissage.

Pétrissage ist eine knetende Bewegung, durch welche auf die Haut, die darunter befindlichen Gewebe und ganz besonders auf die Muskeln gewirkt werden soll. Der Muskel oder ein Teil desselben wird zwischen dem Daumen und den übrigen Fingern erfasst und langsam dazwischen gerollt auf ziemlich dieselbe Weise, wie man einen Bleistift rollt, wobei der Druck abwechselnd zu- oder abnimmt, doch muss man sorgfältig darauf achten, dass die Gelenke der Hand und der Finger nicht steif gehalten werden. Ein steifes Handgelenk behindert die freie Bewegung der Finger und benimmt ihnen die Elasticität.

Bei allen Arten der Pétrissage ist es von Wichtigkeit, dass sich die Haut unter den Fingern mit ihnen bewegt, da sonst die Behandlung unsicher und weniger wirksam ist und Irritation und Hyperämie hervorgerufen werden.. Wenn man z. B. Fälle behandelt wie Rose oder Frostbeulen, und man bewegt die Finger auf der Oberfläche der Haut, so verstärkt man diese Uebel in hohem Grade, wohingegen die Kranken rasch besser werden, wenn die Behandlung richtig gemacht wird. Vor kurzem wurde ich zu einer kranken Dame von ungefähr 38 Jahren gerufen, deren linkes Ohr von Rose befallen worden war. Sie hatte seit ein paar Tagen etwas gefiebert, und in der Nacht, die meinem Besuche vorausging, war die Krankheit ausgebrochen; die Haut fühlte sich hart, gespannt und infiltrirt an und war intensiv gerötet. Die vorhandenen Schmerzen nahmen bei Berührung zu. Die Geschwulst und Röte erstreckten sich am Halse ungefähr zwei Zoll hinab und vorn über das Gesicht in der Gegend der Ohrenspeicheldrüse. Die Lymphdrüsen auf der linken Seite des Halses waren vergrössert; auch Fieber und Kopfschmerzen hatten sich eingestellt.

Oertlich gab ich hauptsächlich Pétrissage; damit verbunden eine allgemeine Behandlung des Kopfes und Rumpfes. Nach zwei Tagen hatte das Ohr seine gewöhnliche Farbe und Gestalt, die Haut schälte sich ab, und die Anschwellung des Gesichtes und Halses war verschwunden. Die Kranke empfand noch einige Tage nachher ein Gefühl von Prickeln und leichter Hitze beim Waschen von Gesicht und Ohr.

Wenn die Haut mehr als beim gewöhnlichen Druck gerötet ist, so kann der Arzt sofort sehen, dass er die Regel, nicht mit steifen Handgelenken oder Fingern zu arbeiten, und dass die Haut sich mit den Fingern bewegen soll, verletzt hat, da die Röte beim correct ausgeführten Druck weniger intensiv ist und rascher verschwindet. Es scheint kaum nötig, hervorzuheben, dass der Druck allmälig an Kraft zunehmen muss, da ich aber in dieser Hinsicht so häufig Missgriffe gesehen habe, so erwähne ich es·

## PASSIVE BEWEGUNGEN.

Die Pétrissage der Muskeln kann mit einer oder mit beiden Händen ausgeführt werden, wie Figur 2 und 3 zeigen.

Fig. 2.

Die Manipulation mit einer Hand bedarf kaum noch einer weiteren Erklärung; die mit zwei Händen ist etwas verwickelter. Der Muskel wird, wie oben beschrieben, zwischen den Fingern gerollt, aber auch gestreckt dadurch, dass sich die Finger der einen Hand nach rückwärts und der Daumen der anderen Hand nach vorwärts bewegen. In Figur 3 sehen wir auch, dass in dem Augenblicke, wo die Bewegung aufhört, die Finger der nach vorwärts sich bewegenden Hand und der Daumen der anderen nur ganz leicht mit der Haut in Berührung kommen und keinen Druck ausüben. Wenn dem so wäre, so würde ein beständiger Druck und weniger Strecken der Muskeln stattfinden, und der Strom der Flüssigkeiten in den Muskeln würde unterbrochen werden, während ausserdem noch die Haut auf eine für den Kranken sehr unangenehme Weise gespannt werden würde. Sorgfältig muss man darauf achten, dass nie die Fingerspitzen gebraucht werden, sondern wenigstens das ganze Nagelglied zusammen mit dem vorderen Teile des zweiten. Allgemein wird, wie ich bemerkt habe, dadurch gefehlt, dass die Spitzen der Finger und des Daumen in Anwendung kommen. Man kann nicht mit den Fingerspitzen arbeiten, ohne auch die Finger stark zu beugen, wodurch sie selbst mitsammt dem Handgelenk steif werden. Die Weichheit der Bewegung geht verloren, und der Kranke, infolge der dadurch hervorgerufenen Schmerzen (z. B.

Fig. 3.

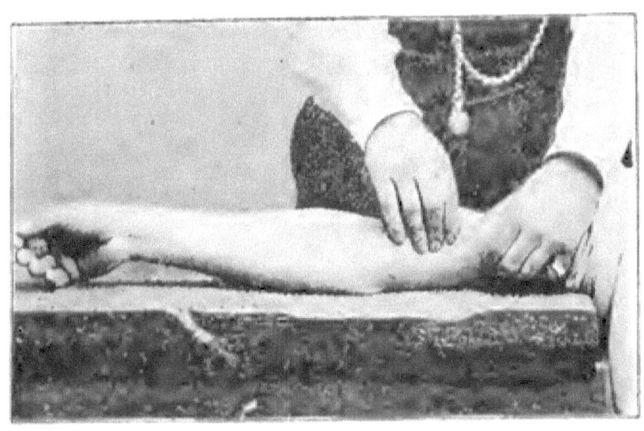

bei Rheumatismus, oder selbst, wenn keine acute Krankheit vorhanden ist) spannt und zieht die Muskeln zusammen, wodurch die Wirkung eine nur oberflächliche bleibt.

Wenn man Pétrissage eines Muskels macht, so muss man immer an seinem centralen Ende anfangen. Hier sowohl wie bei Effleurage muss man darauf achten, dass jede Knetbewegung die Richtung nach oben behält. Dies wird leicht durch ein geringes Drehen der Hand bewerkstelligt.

Wenn Ergüsse, die von Verrenkungen, Verstauchungen oder Knochenbrüchen herrühren, mit Pétrissage behandelt werden, so gebrauche ich den ganzen Daumen bis zum Daumenballen hinunter. Ich beginne dann oberhalb des Ergusses.

Um der Bewegung eine grössere und freiere Fläche zu geben, setze ich den Daumen ein wenig oberhalb der Stelle, die ich zu behandeln beabsichtige, auf, und fange erst dann mit der Bewegung an, nachdem ich den Daumen mitsammt der Hand bis auf die richtige Stelle hinuntergeführt habe. Wenn man diese Vorsichtsmassregel unterlässt, wird die Haut sehr leicht beim Vorwärtsführen des Daumens zu viel gestreckt, wodurch Irritation entsteht, die Bewegung dringt weniger durch und verliert deshalb sehr viel an Wirkung. Der Daumen beschreibt einen

Halbkreis mit allmälig zunehmendem Druck solange wie die Bewegung centripetal ist, dann aber lässt der Druck nach, der

Fig. 4.

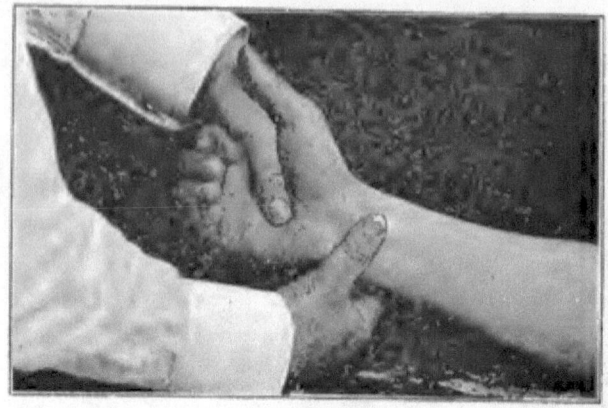

Daumen wird rückwärts nach seinem Ausgangspunkte zugeführt und dieselbe Bewegung wiederholt und zwar jedesmal langsam und sorgfältig.

In der Glutealgegend (Gesässgegend) wird das Kneten in der Richtung gegen das Kreuzbein und mit leicht geschlossener Hand ausgeführt; hierdurch kann die Bewegung tiefer dringen und ist für den Kranken leichter erträglich.

Der Kranke muss immer eine solche Stellung einnehmen, dass die zu behandelnden Muskeln erschlafft sind. So liegt er bei Pétrissage der Glutealgegend mit dem Gesichte nach unten und legt das Bein der kranken Seite kreuzweis über das gesunde, wie in Fig. 5. Er darf nicht, wie in manchen Abbildungen angegeben ist, nach vorne gebeugt stehen, weil dann die Muskeln mehr oder weniger passiv gespannt sind und die richtige Ausführung der Behandlung verhindert wird.

In Fällen von unvollständigen Knochenbrüchen oder bei zu grossem Ergusse gelingt es bei sanfter Pétrissage mit dem ersten Daumengliede bis an den Sitz des Leidens zu dringen und so die Diagnose sicher zu stellen.

Uebe ich Pétrissage bei Ergüssen aus, so gehe ich entweder zwei bis drei mal über die ganze Ausdehnung derselben und gebe nachher einige tiefe Effleuragestriche, oder ich mache jedesmal nur einen Strich, ehe ich mit der Hand weiter nach unten gehe.

Fig. 5.

Wie lange man Pétrissage zu geben hat, hängt natürlich von der Natur des Falles ab. Bei Ergüssen und schweren Leiden muss man längere Zeit darauf verwenden, während bei einfacher Anregung der Muskeln nur einige rasche und kräftige Bewegungen nötig sind.

### Allgemeine Pétrissage des Unterleibes.

Die Lage, in welcher dem Kranken allgemeine oder teilweise Pétrissage des Unterleibes gemacht wird, ist die in Fig. 6

Fig. 6.

gezeigte Rückenlage, die Erschlaffung der Bauchmuskeln bewirken soll. Die Hände werden im Nacken gefaltet, um freiere Atmung zu befördern. Der Kranke darf den Kopf nicht erheben, weil sich dann die Bauchmuskeln fest zusammenziehen, wovon sich ein jeder selbst überzeugen kann, wenn er sich hinlegt und den Kopf erhebt. Das Resultat ist ein ganz selbstverständliches. Die Muskeln, durch welche man den Kopf aufrichtet, sind an dem Brustkorbe befestigt, und damit dieser als Stützpunkt dienen kann, muss er selbst von den Bauchmuskeln fixirt werden.

Bei allgemeiner Pétrissage des Unterleibes kommt die ganze innere Handfläche mit der Bauchwand in Berührung. Die Hand liegt ausgestreckt darauf, die Finger liegen links im Zwischenraume zwischen dem unteren Rippenrande und dem Hüftbeinkamme, aber etwas näher dem ersteren, während der Daumen dieselbe Stellung an der rechten Seite hat, und die Basis der Hand mit ihrem kräftigsten Teile, dem Daumenballen, etwas über dem Schambogen liegt, nahe der rechten Fossa iliaca.

Da sowohl diese als auch die anderen Manipulationen des Unterleibes nie auf entblösstem Körper vorgenommen werden, so ist es von der grössten Wichtigkeit, dass der Teil der Bauchwand, der unter der Hand liegt, dieser in allen ihren Bewegungen folgt, da im anderen Falle Reizung der Haut verursacht werden würde. Um das nun nach Möglichkeit zu vermeiden, sollte das der Haut zunächst getragene Gewand nicht aus Wolle, sondern aus Seide oder Leinen bestehen. Auch ist es selbstverständlich, dass, wenn die Hand sich auf der Oberfläche des Unterleibes bewegt, auf die Gedärme gar nicht oder nur sehr wenig eingewirkt werden kann. Es ist von der äussersten Wichtigkeit, dass die Hand kräftig, aber doch zart arbeitet, dass kein Gelenk steif gehalten wird, und dass der Unterarm so parallel wie möglich zum Körper des Patienten steht.

Die Bewegung selbst ist eine kreisförmige und beginnt gewöhnlich von unten vermittelst der Basis der Hand. Diese ist im Handgelenke leicht dorsalwärts gebeugt und bewegt sich sanft unter allmälig zunehmendem Drucke nach rechts in die Fossa iliaca und dann aufwärts in der Richtung des Colon ascendens. Natürlich bewegt sich dabei der Daumen nach oben und kommt dicht unter die Rippen über die Leberflexur zu liegen. Die

Fig. 7.

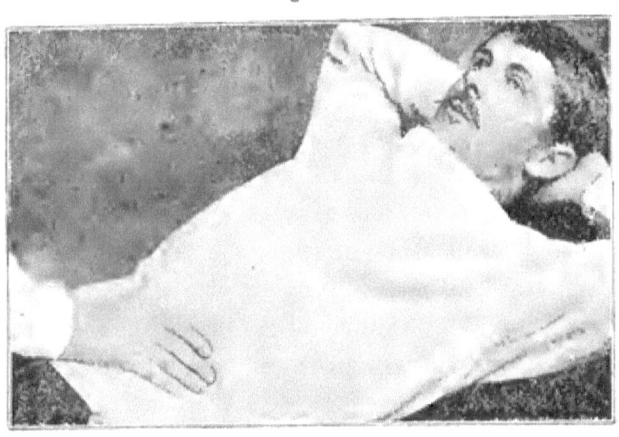

Hand bewegt sich dann nach links, aber immer in Berührung mit der Bauchwand und die etwas kreisförmige Richtung beibehaltend, wobei nun Daumen und Daumenballen die Arbeit übernommen haben. Es genügt aber nicht, die Hand darüber zu führen, sie muss auch zu gleicher Zeit eine leichte Pronationsstellung einnehmen, wobei der Daumen gegen die übrigen Finger adduciert wird. Wenn sich die Hand nach links weiterbewegt, so kommen die Finger wiederum über die Milzflexur des Colon und übernehmen nun ihrerseits die Hauptrolle. Sie bewegen sich nach abwärts, werden immer mehr und mehr gebeugt, jedoch nicht im Interphalangeal- sondern im Metacarpophalangeal-Gelenke und mit einer leichten Flexion im Handgelenke. Während die Hand sich neben dem Hüftbeine mehr und mehr nach unten bewegt, wird sie leicht supiniert, und wenn das Handgelenk den Schambogen erreicht, so nimmt die Basis der Hand wieder die Arbeit auf.

Diese einzeln beschriebenen Manipulationen folgen eigentlich nicht auf einander, sondern die eine beginnt schon, ehe die andere geendet hat, und auf diese Weise bringen sie das Kneten hervor. Wenn man dies nicht so ausführt, dann wird natürlich nur Druck in einer Richtung nach der anderen hervorgebracht werden. Aus dem weiten Bereiche dieser Bewegung sehen wir, dass sämmtliche Gedärme gerollt und geknetet werden und der Kreislauf angeregt wird; dadurch findet vermehrte Aufsaugung und Absonderung statt und die Peristaltik der Gedärme wird beschleunigt. Es ist auch leicht begreiflich, dass sie, bei der grossen Menge der Blutgefässe im Unterleibe, einen bedeutenden Einfluss auf den Kreislauf im allgemeinen ausüben muss.

Ich habe diese allgemeine Pétrissage des Unterleibes beschrieben, wie sie mein Bruder, Director Henrik Kellgren, fast immer ein paar Minuten lang zum Schlusse der Tagesbehandlung macht, weil er gefunden hat, dass die Heilung dadurch sehr beschleunigt wird. Die Bewegung ist eine sehr schwierige, und es ist fast unmöglich, sie richtig zu beschreiben, aber ebenso schwer und unmöglich ist es, sie zu geben, wenn man nicht eine angeborene Geschicklichkeit dafür hat, und es ist unbedingt notwendig, sie nicht nur gesehen, sondern auch besonders an sich selbst gefühlt zu haben.

Diese Uebung ist sehr ermüdend für Anfänger, oder wenn sie oft gegeben wird, und die Ermüdung macht sich in den Muskeln des Daumens am meisten fühlbar. Grosse Erleichterung kann man sich jedoch dadurch verschaffen, wenn man die Finger der linken Hand so auf den arbeitenden Daumen legt, so dass die Spitze des Mittelfingers auf das Interphalangeal-Gelenk, und die des Zeige- und Ringfingers auf die erste, resp. auf die zweite Phalange zu liegen kommt.

Fast jedes Organ der Bauchhöhle kann für sich behandelt werden, doch will ich nur die specielle Pétrissage des Coecum, Colon, Rectum, der Nieren und des Teils über dem Schambogen beschreiben.

### Pétrissage des Coecum, Colon und Rectum.

Vier Stellen erfordern unsere besondere Beachtung, nämlich der Coecum, die Leber- und Milzflexur und die Flexura sigmoidea des Colons. Die Behandlung nimmt ihren Anfang so tief als möglich im Becken auf der linken Seite. Jede einzelne Knetbewegung muss in der Richtung des Darmes stattfinden. So lange wir auf der linken Seite arbeiten, i. e. über dem Anfange des Rectum, Flexura sigmoidea und Colon descendens (Fig. 8), werden die Finger gebraucht und diese müssen nur im Metacarpophalangeal-Gelenke

Fig. 8.

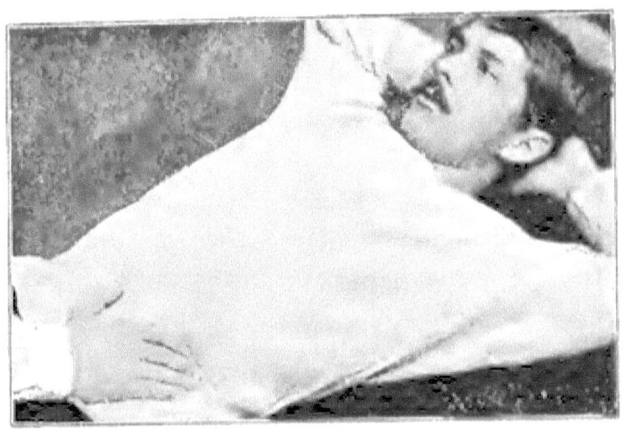

gebeugt werden, denn wenn man Biegungen in den Fingergelenken erlaubt, so wird die Behandlung hart und schmerzhaft, man kann nicht tief genug eindringen, und der Charakter des Knetens geht verloren. Wenn wir den transversalen Teil des Colons erreicht haben, übernimmt der Daumen die Arbeit, und derselbe wird angewandt, bis die Bewegung über dem Colon tief in der rechten Fossa iliaca aufhört.

Diese Bewegung wird hauptsächlich gegen Verstopfung gegeben, sowie auch für chronische Affectionen der Gedärme.

Als Beispiel dieser Behandlung möchte ich einen Fall von Verstopfung bei einem Säugling von drei bis vier Wochen erwähnen. Ich behandelte das Kind, als ich im Herbst 1889 bei einem Freunde in Schweden war.

Zwei Tage waren verschiedene Arzneien umsonst versucht worden, als ich meinem Freunde sagte, dass sein Kind nicht eher besser werden würde, bevor ich ihm Pétrissage des Unterleibes gemacht hätte. Er warf mir aber einen Blick zu, der deutlich sagte, dass er mir sicherlich nicht erlauben würde, irgend etwas derart zu versuchen. Als sich jedoch des Kindes Zustand am dritten Abend noch nicht zum Bessern gewandt hatte, und alle medicinischen Hilfsmittel, die meinem Freunde zu Gebote standen, bis zum Seifenzäpfchen herunter, erschöpft waren, verschwand seine Abneigung gegen meinen Vorschlag und er bat mich sogar zu thun, was ich vermöchte. Ich gab einfach leichte Pétrissage des herabsteigenden Colon ungefähr eine Minute lang, ohne dass das Kind einen Laut von sich gab; doch würde das allerdings wohl anders gewesen sein, vermute ich, wenn ich meine Finger gebeugt und mehr mit den Spitzen gearbeitet hätte. Das Kind bekam in der Nacht Stuhlgang, und eine weitere Behandlung war unnötig.

Die linke Hand wird häufig gebraucht, um die rechte zu stützen, und dann werden die Fingerspitzen an dem letzten Phalangeal-Gelenke angesetzt und die innere Handfläche liegt dicht auf dem Rücken der rechten Hand.

**Pétrissage der Nieren.**

Man behandelt gewöhnlich beide Nieren zu gleicher Zeit. Die Bauchdecken müssen erschlafft werden, da die Hand sehr tief eindringen muss, ehe die Behandlung beginnen kann.

Fig. 9.

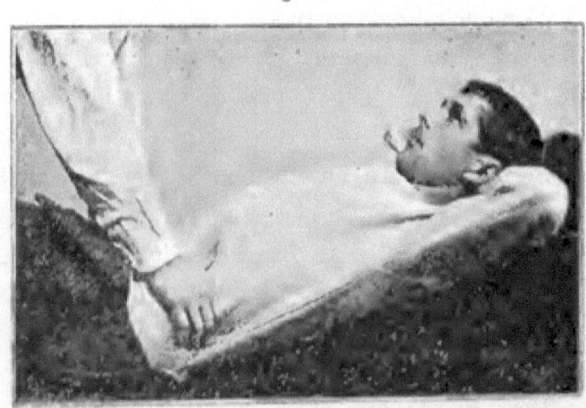

Die Kniee werden etwas mehr gebeugt als in Fig. 6. Die Daumen liegen und bleiben beständig auf der Bauchwand, an den mit dem Sitze der Nieren correspondirenden Stellen, gerade unterhalb der Rippen, und der Kranke wird angewiesen, sehr tief zu atmen. Während der forcierten Ausatmung dringen wir immer tiefer und tiefer ein, bis wir endlich die Nieren fühlen können. Von nun an muss der Kranke nur Brustatmung machen, damit die Bewegungen nicht durch die Bauchmusculatur behindert werden. Das Kneten erfolgt von aussen nach innen und etwas von oben nach unten, damit der Druck in der Richtung des venösen Kreislaufes und der Mehrzahl der Nierenkanälchen angebracht wird. Die Nieren können einzeln behandelt werden. Man braucht dann die innere Fläche der Finger und setzt oder stellt sich an die der zu behandelnden Niere entgegengesetzte Seite.

### Pétrissage über dem Schambogen.

Bei der Pétrissage über dem Schambogen wird die Hand gerade über demselben aufgelegt und in ähnlicher Weise wie bei der allgemeinen Pétrissage des Unterleibes gestreckt gehalten. Hier aber geht die Bewegung von einer Seite nach der anderen, und das Kneten wird mit den Fingern und der Handwurzel gemacht. Die Bewegung wird für chronische Unterleibsentzündungen bei Frauen, Blasencatarrh etc. gebraucht.

## Tapotement.

Unter Tapotement versteht man ein Hacken, Klopfen oder Schlagen. Die Muskeln, die hauptsächlich dabei in Anspruch genommen werden, sind manchmal die Beuge- und Streckmuskeln der Hand, ihre Handfläche oder Rückseite, oder manchmal auch die radialen und ulnaren Beugemuskeln. Das Ellbogengelenk wird bewegt. Hand- und Fingergelenke müssen ganz locker gehalten werden, ganz gleich, welche Art Tapotement gemacht wird. Dadurch werden die Bewegungen elastischer und weniger hart, die Hand wird schwerer und die Wirkung des Schlagens geht tiefer.

Je nach dem zu behandelnden Körperteile wechselt die Haltung der Hand und der Teil derselben, der mit dem Körper in Berührung kommt.

Fig. 12.  Fig. 13.

die Luft in der Lunge in Vibration versetzt und die Lunge selbst angeregt werden soll.

Der Behandelnde steht gerade vor dem Kranken und führt seine Arme um dessen Brust, bis er mit seinen Händen oben zwischen die Schulterblätter des Kranken gekommen ist. Dann

Fig. 14.

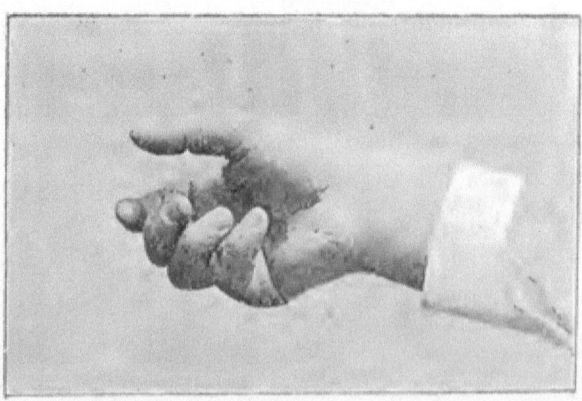

beginnt er das Schlagen, fährt auf und ab zwischen den Schulterblättern, dann über die Seitenflächen des Brustkorbes und zuletzt über die Vorderfläche desselben. Der Kranke muss während der ganzen Zeit tief und langsam atmen. Die Behandlung wird angewandt bei chronischen Lungenleiden und wird von Bewegungen begleitet, welche tiefes Atmen befördern.

**Auf dem Rücken.** — Die Hände werden halb zwischen Supination und Pronation mit leicht gebeugten Fingern gehalten (Fig. 14).

Gerade ehe die Hand den Rücken berührt, wird sie etwas mehr supiniert, damit nicht der Ulnar-Rand selbst, sondern die anstossende Rückenfläche der Hand ihn berührt. Der Vorteil hiervon ist ein weicherer Schlag, die Finger werden mehr ausgebreitet und die oberflächlichen und tiefer gelegenen Gewebe werden gleichzeitig erregt.

Die Bewegung muss drei- bis viermal den Rücken auf und ab ausgeführt werden, parallel mit und etwas zur Seite von der Wirbelsäule.

**Ueber der Lendengegend.** — Wir gehen in querer Richtung darüber hin, damit wir die Behandlung kräftiger geben können, da die Muskellagen hier viel grösser sind.

**Für die Leber.** — Hier wird das Tapotement am unteren Teile der rechten Seite des Brustkorbes gemacht, mit der Hand in derselben Stellung wie bei der Behandlung des Rückens.

Für die **Gegend des Kreuzbeins, des Gesässes und des Dammes** wird die leicht geschlossene Hand gebraucht. Der Streich wird in den beiden ersten Fällen mit dem vorderen Teile der geschlossenen Hand ausgeführt (Fig. 15), im letzten aber mit der radialen Seite (Fig. 16), da sie sonst nicht gut in die Dammgegend eindringen kann. In Verbindung mit der übrigen Behandlung wird Tapotement an diesen Stellen gegen Verstopfung, Erkrankungen der Blase und der männlichen und weiblichen Geschlechtsorgane gemacht.

**Für die Glieder.** — Die Hände werden ebenso wie bei der Behandlung des Rückens gehalten, oder man wendet die radiale Seite der beiden Hände gleichzeitig an. Die Finger dürfen nicht

Fig. 15.

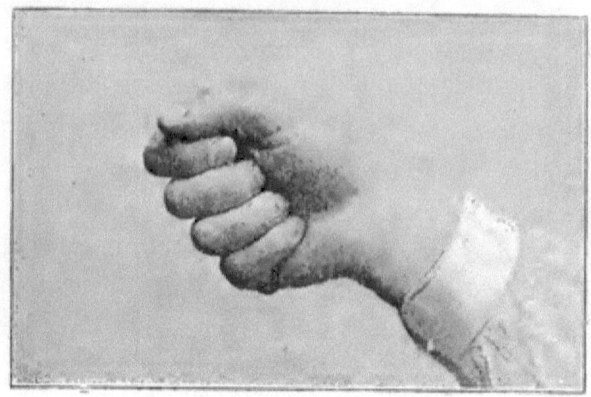

ausgestreckt, sondern müssen leicht gebeugt gehalten werden, wie in Fig. 17.

Fig. 16.

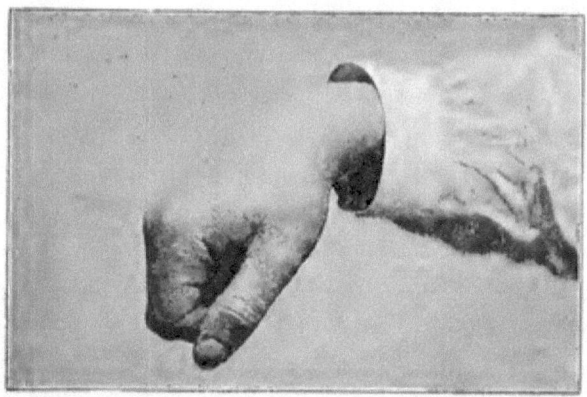

Sowie Tapotement gemacht wird, muss Streich auf Streich rasch auf einander folgen, um die Intensität der Behandlung zu verstärken.

Das Tapotement versetzt die Muskelfasern in Vibration, regt sie zur Contraction an, erhöht die Thätigkeit der oberflächlichen Gefässe und Nerven und wie vorher erwähnt, pflanzt sich die Erschütterung auf die inneren Teile fort, wenn man sie auf Brust oder Rücken macht. Die Dauer dieser Behandlung ist selbstverständlich bei allen Teilen sehr kurz.

Fig. 17.

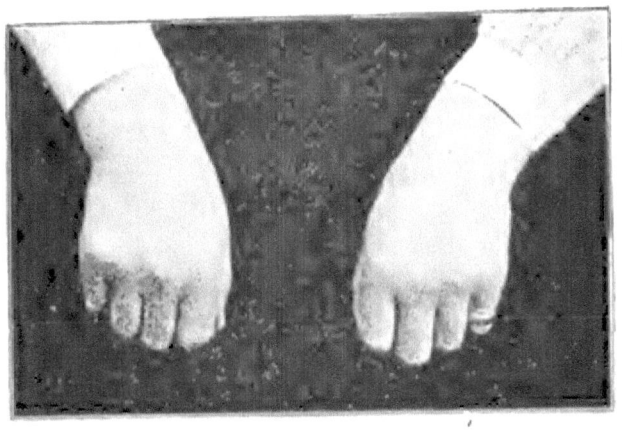

## Massage à Friction.

Ich selbst kann diesen Ausdruck nicht verstehen, da die Bewegung entschieden eine knetende, also nur eine Modification der Pétrissage ist.

Die Bewegung ist dieselbe wie bei Pétrissage mit dem

Fig. 18.

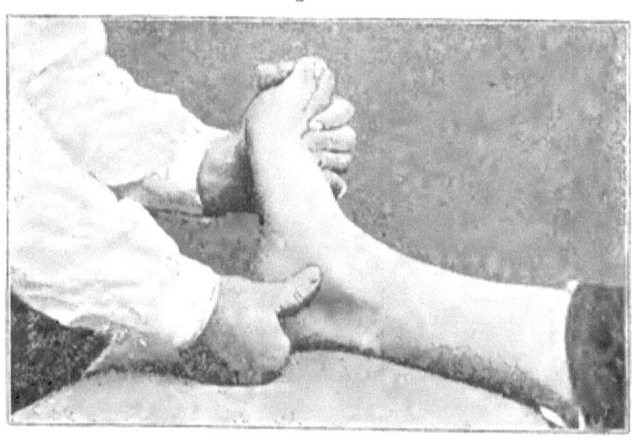

Daumen allein, oder mit einem oder mehreren Fingern, aber diese werden unter einem grösseren, gewöhnlich einem rechten Winkel auf den zu behandelnden Teil aufgesetzt (Fig. 18); die kreisförmige oder elliptische Bewegung ist kleiner und der Druck im ganzen gleichmässiger, da wir einfach durch mechanische Kraft Verdickungen oder Ablagerungen beseitigen wollen. Darauf folgt Effleurage oder sie wird abwechselnd mit Friction gegeben.

Man braucht hauptsächlich Massage à Friction bei organisierten Exsudaten oder verhärteten Ablagerungen, wie wir sie um Knöchel-, Hand- und Kniegelenke und bei Verdickung der Sehnen finden.

## Allgemeines Rollen und Erschüttern der Arm- und Beinmuskeln.

Das Rollen und Erschüttern kann leicht zu gleicher Zeit an den Gliedern vorgenommen werden. Die Muskeln müssen vollständig erschlafft sein. Der Kranke hält z. B. den Arm in horizontaler Richtung, indem er die Hand auf einen Tisch oder eine Stuhllehne stützt. Beide Hände des Behandelnden werden lose auf den Arm gelegt und rasch um ihn geführt, wobei sich die Hände zwei- oder dreimal auf- und abwärts bewegen (Fig. 19).

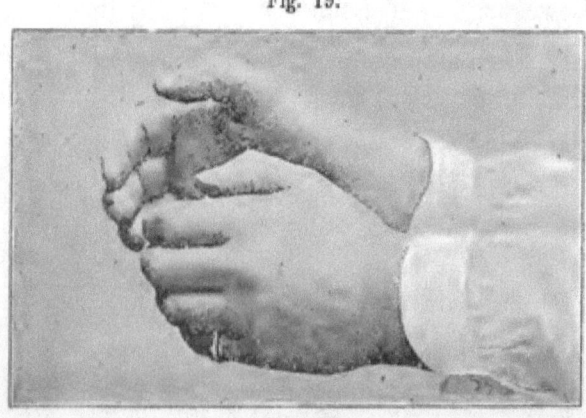

Fig. 19.

Die Wirkung ist eine sehr anregende und für den Kranken angenehme.

Diese Bewegung muss nach Pétrissage oder kann auch für sich allein gegeben werden in Fällen, bei denen keine Ursache für eine besondere Behandlung einzelner Muskeln vorliegt.

## Erschütterung.

Der Teil der Hand, der bei der Erschütterung mit dem Körper des Kranken in Berührung kommt, ist die Endphalanx eines oder mehrerer Finger, die nur leicht, aber nicht spitz angewendet werden dürfen. Der Ausgangspunkt ist das Ellbogengelenk des Arztes, welches ein wenig gebeugt und gestreckt wird. Die Knochen des Vorderarmes, des Handgelenkes und der Hände bilden, so zu sagen, zwischen dem Ellbogengelenke und den Fingerspitzen die Glieder einer Kette, durch welche eine wellenförmige Bewegung an die zu behandelnden Teile gesandt und verbreitet wird.

Die Handbewegung ist eine sehr rasche. Die Gelenke müssen nicht steif gehalten, sondern nur soweit gestreckt werden, dass ihre Elasticität ermöglicht, aber nicht gehindert wird. Lässt man dieses ausser Acht, so wird die Bewegung hart und stossend. Der Kranke zieht seine Muskeln wegen des verursachten Schmerzes und Unbehagens zusammen und die Uebung hat entweder nur schlechte oder gar keine Wirkung.

Diese Bewegung befördert und beschleunigt die Aufsaugung, sie regt an und kräftigt, lindert Schmerzen durch Verminderung der Entzündung und vermehrt die Absonderung der Drüsen.

Sie wird eine oder mehrere Minuten lang gegeben, je nach der Ursache der Krankheit und der erzeugten Wirkung.

Die Abbildungen, die diesen verschiedenen Bewegungen beigefügt sind, machen leicht verständlich, wie die Finger angesetzt und wie sie an den verschiedenen Körperteilen gebraucht werden.

### Erschütterung des Pharynx.

Es giebt drei verschiedene Manipulationen für den Pharynx, die schon von mir beschrieben worden sind.[*]

1. Die Finger einer Hand werden mit der inneren Fläche

---

[*] Medical Press and Circular, 25th July 1888.

nach oben soweit wie möglich hinten an der Seite der Zungenwurzel aufgesetzt. Dann wird eine schnelle, erschütternde Bewegung in der Richtung nach aufwärts und etwas nach vorwärts ausgeführt (Fig. 20).

Wenn wir bei dieser Bewegung unsere Finger nach vorwärts bewegen, so ist es klar, dass man ganz besonders auf die Zunge, die Submaxillar- und die Sublingualdrüsen einwirken muss.

Fig. 20.

Fig. 21.

2. Die Zungenwurzel wird zwischen dem Daumen und den übrigen Fingern gefasst und in einer seitlichen Richtung erschüttert (Fig. 21).

Fig. 22.

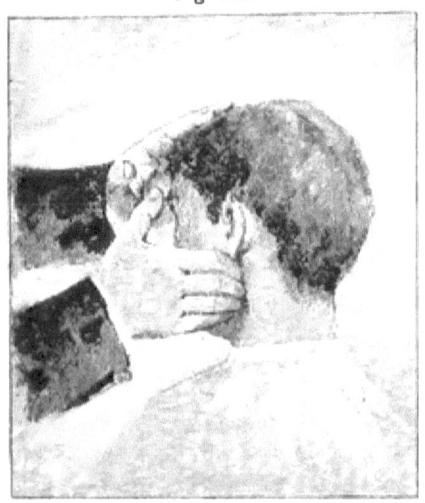

3. Die Fingerspitzen werden hinter dem aufsteigenden Aste des Unterkiefers aufgesetzt (Fig. 22 und 23). Hier ist die Richtung der Bewegung nach einwärts, vorwärts und nach unten.

Fig. 23.

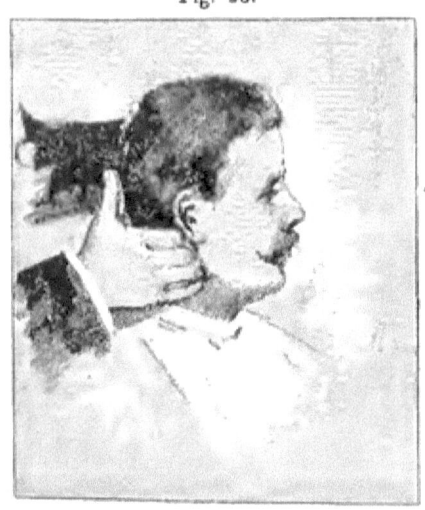

Es kann eine Seite nach der anderen oder beide gleichzeitig behandelt werden, und man steht entweder vor oder hinter dem

Kranken. Die Finger müssen tief eingesetzt werden, ehe die Uebung beginnt, denn je grösser der Weg, welchen die Bewegung durchmachen muss, ehe sie den eigentlichen Sitz des Leidens erreicht, desto geringer wird die Wirkung sein.

Der Kopf muss etwas nach vorn gebeugt werden, um die Halsfascie und Halsmuskeln zu erschlaffen, da diese im anderen Falle sehr hinderlich sein würden. Zur Sicherung dieser Stellung wird die freie Hand gerade über die Stirn, oder noch besser, unter das Hinterhaupt gelegt.

Die ersten beiden Bewegungen drängen schon an und für sich den Kopf nach rückwärts, und diese Neigung wird durch den Kranken unterstützt, der unwillkürlich den Kopf der arbeitenden Hand zu entziehen sucht, je mehr das Leiden, das die Behandlung erfordert, ein acutes und schmerzhaftes ist.

Wenn die dritte Bewegung mit einer Hand gemacht wird, muss der Kopf zuerst nach der entgegengesetzten Seite von der zu behandelnden gewendet und dann erst gebeugt werden. Dadurch bekommt man einen grösseren und freieren Raum für die Behandlung.

Mehr oder weniger wird durch diese Bewegungen auf den ganzen Schlund gewirkt, und wenn richtig gemacht, sind sie bei fast allen Halsleiden von raschem und wohlthätigem Erfolge.

### Erschütterung des Kehlkopfes und des oberen Teiles der Luftröhre.

Die Fingerspitzen werden auf die eine Seite und der Daumen auf die andere der Schildknorpelplatte aufgesetzt (Fig. 24).

Die Erschütterung geschieht in seitlicher Richtung. Diese Bewegung hat nur wenig Einfluss auf den Kehlkopf selbst, der sich als ein Ganzes bewegt, aber sie wirkt ganz besonders auf den darunter liegenden Teil der Luftröhre, wohin sich die wellenförmige Bewegung fortpflanzt. Sie wird deshalb bei Croup und anderen Erkrankungen der oberen Teile der Luftröhre angewandt.

Machen wir bei der gleichen Stellung der Hand dieselbe seitliche Bewegung tiefer abwärts, dann wirken wir noch directer

# ERSCHÜTTERUNG.

Fig. 24.

auf die Luftröhre selbst ein, und je mehr wir uns dem Brustbeine nähern, desto tiefer dringt die Bewegung in die Brust hinein.

Anstatt die Luftröhre zu fassen, können wir zwei oder mehrere Finger in den halbmondförmigen Ausschnitt des Brustbeines legen, wie Fig. 25 zeigt. Bei dieser Bewegung ist es von höchster Wichtigkeit, dass die Hand dicht an dem Halse liegt, damit der Winkel, der von den Fingern und der Luftröhre gebildet wird, so klein wie möglich ist. Wird der Winkel grösser, dann verliert die Behandlung an Weichheit, sie wird für den Kranken unangenehm, die hervorgerufene Bewegung erfolgt natürlich weniger in der Richtung der Luftröhre selbst, und so wird der Wirkungskreis immer mehr beschränkt, bis zuletzt, wenn der Winkel ein grosser geworden, der Nutzen gleich Null ist.

Der Kranke muss vollkommen gerade sitzen mit zurückgeworfenen Schultern, damit die Atmung unbehindert und tief vor sich gehen kann.

Diese Erschütterungen sind nebst Tapotement der Brust und

Fig. 25.

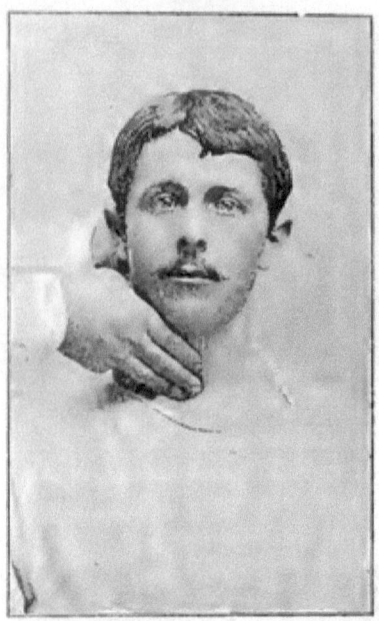

zwischen den Schulterblättern von sehr grossem Nutzen bei Bronchitis und chronischen Lungenleiden.

**Erschütterung am unteren Teile des Brustkorbes.**

Der Kranke steht mit im Nacken gefalteten Händen, wie in Fig. 26. Der Arzt legt eine Hand auf jede Seite des unteren Teiles des Brustkorbes. Mit den Handflächen macht er weiche und rasche Druckbewegungen. Während er mit dem Drucke nachlässt, darf die Hand nicht vom Brustkorbe entfernt werden, sondern muss fest darauf liegen bleiben. Der Kranke muss tief aufatmen. Da die Rippen elastisch sind, nehmen sie beim Nachlassen des Druckes ihre frühere Lage sofort wieder ein, und die Atmung wird freier und tiefer. Ausserdem beeinflusst diese Bewegung die pleuritischen Adhäsionen im unteren Teile des Brustkorbes, indem sie dieselben loslöst; ebenso wie sie auf die Organe im oberen Teile der Bauchhöhle unter dem Zwerchfell wirkt.

## ERSCHÜTTERUNG.

Fig. 26.

**Erschütterung in der Magengrube.**

Entweder steht der Kranke wie in Fig. 27, oder er nimmt eine liegende Stellung ein (Fig. 6) und hat in beiden Fällen die Hände im Nacken gefaltet. Die Finger werden in der Mitte zwischen dem Schwertfortsatze des Brustbeines und dem Nabel aufgesetzt. Wir ersehen aus der Stellung der Finger, dass sie gerade über sich den Pylorus des Magens und den linken Leberlappen haben, während gerade unter ihnen der Plexus solaris liegt. Die Bewegung geht nach innen und etwas nach oben. Da der Magen und seine Fortsetzung, das Duodenum, glatte Muskelfasern in ihren Wänden haben, die in Folge ihrer Neigung zu automatischer Contraction ganz besonders empfindlich für Anregung sind, und der Plexus solaris den Blutlauf im Unterleibe regulirt, ist es leicht verständlich, wie ungemein wirksam diese Bewegung sein muss. Sie wird deshalb bei chronischen Magen- und Leberleiden angewandt.

Wenn Erschütterungen an dieser Stelle sanft gemacht werden,

Drüsen ist eine gesteigerte; deshalb sind sie bei träger Function der Eingeweide anzuwenden.

### Erschütterung der Blase.

Für die Erschütterung der Blase haben wir drei Stellungen. Bei zwei derselben, der liegenden und stehenden wird die Bewegung über dem Schambogen gegeben (Fig. 29 u. 30); in der letzteren dieser beiden beugt sich der Kranke etwas nach vorn,

Fig. 29.

um die Bauchmuskeln zu erschlaffen. In der dritten Stellung, die Bauchlage, wird sie vom Damme aus gegeben. Der Kranke liegt wie in Fig. 5, aber mit etwas gespreizten Beinen und nach einwärts gekehrten Zehen, um mehr Raum zu geben.

Wenn man auf die Blase von oben einwirkt, so werden die Finger einen Zoll oberhalb des Schambogens aufgesetzt und die Erschütterung in der Richtung von oben nach unten und nach rückwärts ausgeführt. Im Damme, wenn der Kranke die Bauchlage einnimmt, setzt man die Finger gerade oberhalb der Anusöffnung und macht die Bewegung nach unten und vorn.

Durch diese Manipulation wirkt man auf die Blase und Prostata, und ändern wir die Richtung von unten nach oben in der Bauchlage, so wird der untere Teil des Mastdarmes behandelt.

In derselben Lage wird bei weiblichen Kranken die Rückwärtslagerung der Gebärmutter gehoben.

## VIBRATION.

Fig. 30.

Auf diese Bewegung sollte man jedesmal die später beschriebenen leichten Vibrationen sowie Nerv-Frictionen über die Kreuzbein-, Gesäss- und Lendengegend folgen lassen und dieselben durch Tapotement jener Teile einleiten.

## Vibrationen.

Vibrationen sind eigentlich nur zarte, erschütternde Bewegungen.

Ein Teil oder die ganze Fläche der Hand oder der Finger wird bei dieser Art Behandlung angewandt. Betrachtet man die Abbildung der Vibration des Brustkorbes (Fig. 33), so kann man leichter ihren Mechanismus verstehen. Hier wie bei der Erschütterung wird das Ellbogengelenk gebeugt und gestreckt, aber in viel geringerem Masse. Die Bewegungen im lockeren Handgelenke sind Abduction und Adduction (d. h. radiale und ulnare Flexion) der Hand, die unbeweglich bleibt, so weit sie auf dem Körper aufliegt. Durch rasch auf einander folgende, einzelne

Bewegungen werden die Vibrationen hervorgebracht. Finden Beugung und Streckung am Handgelenke statt, so wird dadurch Druck verursacht, dessen schädliche Einwirkung an verschiedenen Organen, z. B. einem schwachen Herzen, kaum einer Erklärung bedarf.

Da Vibrationen so oft gebraucht werden, um Schmerzen zu lindern, ist es von ganz besonderer Wichtigkeit, dass Hand und Handgelenk nicht steif gehalten werden. Ja, der ganze Vorteil der Bewegung geht verloren, wenn nicht darauf geachtet wird. Andererseits aber müssen die Vibrationen, sobald sie in richtiger Weise gegeben werden, jeden Schmerz erleichtern, was auch die Ursache desselben sein mag.

Die Contractionen in den Muskeln, welche diese Bewegung ausführen, müssen so gering sein, dass sie von jemand, der seine Hand auf den arbeitenden Arm legt, kaum gefühlt werden können.

Auf keinen Fall dürfen die Vibrationen durch beständiges starkes Zusammenziehen der Schulter-, Arm- und Handmuskeln hervorgebracht werden. Geschieht das, so wird die Bewegung hart und die Intensität, die Feinheit des Gefühles, das der Arzt für den Druck, den er ausübt, haben soll, geht verloren, sowie es unmöglich ist, die Bewegung eine längere Zeit, selbst nur ein paar Minuten lang, fortzusetzen. Auch ist die Wirkung z. B. auf ein schwaches Herz dann ebenso schlimm, wenn nicht gar schlimmer, wie bei Beugung und Streckung am Handgelenke. Der Kranke wird fortwährend den Schmerz fühlen, weil der Druck nicht vermieden werden kann, und leicht wird er dann dabei ohnmächtig.

In einzelnen Beispielen werde ich den Unterschied zeigen zwischen der richtig ausgeführten Bewegung und jener, welche durch kräftige Contraction der Armmuskeln und infolge davon mit steifem Handgelenk und steifer Hand erfolgt.

1. Man lege die Hand auf den Oberschenkel. Bei der letzteren Art, die Uebung zu geben, ist ein festerer Griff der Muskeln nötig, die Muskelmasse bewegt sich als ein Ganzes, an der behandelten Stelle wird keine Erzitterung gefühlt und die Ausbreitung der so hervorgerufenen Bewegung ist viel kleiner.

# VIBRATION.

Bei der richtig ausgeführten Bewegung liegt jedoch die Hand nur locker auf der Haut, die Vibrationen gehen in dieselbe über, werden in den darunter befindlichen Muskeln gefühlt und weiter geleitet.

2. Wenn Vibrationen am vorderen Teile des Brustkorbes gemacht werden, so kann die auf den Rücken des Kranken aufgelegte Hand sie daselbst fühlen, während bei steif gehaltenem Arm und steifer Hand gar nichts gefühlt wird.

3. Man stelle ein Glas Wasser in die Mitte eines ziemlich grossen Tisches und mache Vibrationen. Wenn sich dann das Wasser als ein Ganzes von einer Seite nach der anderen bewegt, sind sie falsch gemacht, aber wenn die Oberfläche des Wassers nur in der Mitte erzittert, sind sie richtig ausgeführt.

Dies mag einen Begriff davon geben, wie fein die Bewegungen wirklich sind, und wie man sie bei solchen Krankheiten anwenden kann, bei denen gewöhnliche, heilgymnastische Uebungen gar nicht in Frage kommen können.

Die Vibrationen haben eine viel grössere Wirkung als die Erschütterungen auf die Erzeugung von Resorption und ganz besonders die Linderung der Schmerzen. Von beiden kann man sich überzeugen bei Congestionen und acuten sowie chronischen Entzündungen.

## Vibrationen am Auge.

Es giebt deren zwei Arten.

1. Der Kranke schliesst die Augen, und der Behandelnde, der hinter ihm steht, legt zwei Finger auf jedes Auge und beginnt die Vibrationen (Fig. 31). Er muss sorgfältig darauf achten, dass sich die Augenlider nicht auf- und niederbewegen, sondern ruhig auf dem Augapfel liegen, damit sich die Vibrationen durch dieselben fortpflanzen.

2. Man kann auch die Endphalanx des Daumens auf die Aussenseite eines Auges und dieselbe Phalanx des Zeige- und Mittelfingers auf die Aussenseite des zweiten

Fig. 31.

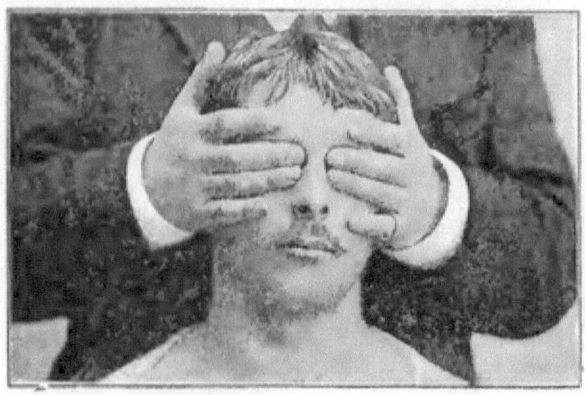

Auges legen (wie in Fig. 32), und so Vibrationen machen. Sie müssen tief durch den ganzen Augapfel hindurch gefühlt werden.

Fig. 32.

Die erste Bewegung, die nicht so tief eindringt, wirkt auf die oberflächlichen Teile, während durch die letztere mehr die inneren Teile beeinflusst werden. Sie sollten immer mit Frictionen und Vibrationen über alle sensiblen Nerven in der Umgebung des Auges verbunden werden, und mit Frictionen auf dem Augapfel selbst, wie ich es später beschreiben werde.

Ich habe diese Bewegungen immer von grossem Nutzen bei Krankheiten der Hornhaut und Conjunctiva gefunden, nicht nur, indem sie Entzündung, Schmerz und Lichtscheu vermindern, sondern auch dadurch, dass sie die Heilung beschleunigen.

### Vibrationen am Halse.

Wenn man Vibrationen für Halsleiden giebt, werden die Finger in dieselbe Lage gebracht wie bei Erschütterungen. Die ersteren werden immer im Anfang der Behandlung acuter Entzündungen anstatt der letzteren gegeben, weil die Erschütterungen zuerst wegen der vorhandenen Empfindlichkeit nicht gut ertragen werden können.

Wegen der Reichhaltigkeit dieser Gegend an Drüsen möchte ich hierbei erwähnen, dass, wenn man vergrösserte Drüsen manuell zu behandeln hat, Vibrationen und Erschütterungen gemacht werden sollen.

### Vibrationen am Kehlkopfe.

Für den Kehlkopf ist die Lage der Finger dieselbe wie in Fig. 24. Es ist ersichtlich, dass die Vibrationen einen direkten Einfluss auf den Kehlkopf selbst ausüben, während die Erschütterungen leichter wirkungslos darüber hingehen. Sie werden bei Catarrhen und Croup mit grossem Erfolge gebraucht.

### Vibrationen am Brustkorbe.

Der Kranke muss hierbei entweder gerade auf dem Rücken liegen, mit den Händen im Nacken gefaltet, oder er muss aufrecht stehen wie in Fig. 33.

Wenn man Vibrationen am Brustkorbe macht, so ist die Stelle, wo die Hand aufgelegt wird, verschieden je nach der Natur der Krankheit, die man behandelt. Angewendet wird die ganze Hand. Sie liegt schlaff und frei, ohne Druck auszuüben, auf der Wand des Brustkorbes. Die Vibrationen gehen durch bis nach der Lunge, die sie anregen und stärken. Sie bewirken freieren Auswurf und geringere Reizung, verursachen ein Gefühl der Erleichterung, und wenn sie zusammen mit Nerv-Frictionen zwischen den Schulterblättern u. s. w. gegeben werden, so ver-

Fig. 33.

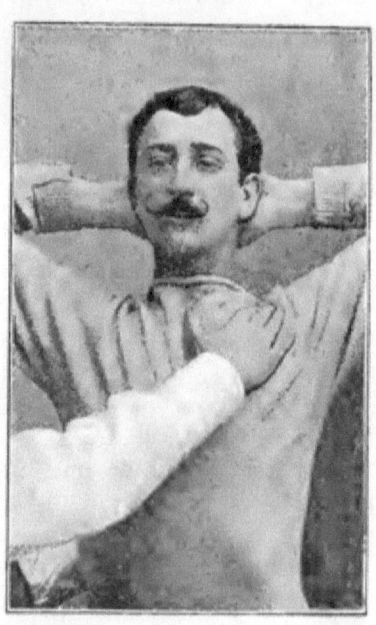

mindern sie auch congestive und entzündliche Zustände. Die Vibrationen am Brustkorbe werden für alle Lungenkrankheiten gegeben und müssen einige Minuten lang fortgesetzt werden.

Hierbei mag es von Interesse sein, einen Fall zu erwähnen, den ich neulich behandelte. Vergangenen Januar consultierte mich ein junger Mann von 22 Jahren wegen eines fortwährenden trocknen und harten Hustens, der ihn quälte. Im Februar 1888 hatte er sich während seines Aufenthaltes in Indien eine Erkältung zugezogen, und der Husten hatte ihn seitdem nicht verlassen, vielmehr an Heftigkeit zugenommen. Der Kranke war vorher in Süd-Afrika gewesen, wo er einen acuten Fieberanfall durchgemacht hatte. Im Frühjahr 1889 kehrte er nach Afrika zurück, wo er bald sechs Wochen lang an Ruhr gefährlich krank daniederlag. Da er nicht länger dort bleiben durfte, kehrte er im Herbste nach Hause zurück. Der Kranke erholte sich aber nicht ordentlich, sondern blieb mager und blass; sein Husten wurde immer schlimmer und störte ihn sehr des Nachts. Wenigstens einmal wöchentlich hatte er Anfälle von Ruhr. Mit der Heftigkeit des Hustens kamen auch Atemnot beim raschen Gehen oder beim Treppensteigen, ein Gefühl von Mattigkeit und starkes Schwitzen. Der Kranke war, um seinen eignen Ausdruck zu gebrauchen, in der Nacht wie in Schweiss gebadet. Tiefes Atemholen verursachte Schmerzen an beiden Lungenspitzen, aber mehr noch auf der rechten Seite, so auch das Husten. Der Atem ging kurz und rasch, sogar bis zu 38 in der Minute. Leichte Abschwächung des Percussionsschalles über den Lungenspitzen, am meisten ausgeprägt auf der rechten Seite. Appetit schlecht.

Die Lungensymptome wurden behandelt mit Vibrationen und Tapotement des Brustkorbes, mit Bewegungen, die tiefe Atmung erfordern, Nerv-Frictionen und Tapotement zwischen den Schulterblättern, besonders weiter oben, wo der Kranke sehr empfindlich war; die Ruhr mit Vibrationen und allgemeiner Pétrissage des Unterleibes. Dazu kam noch eine Allgemein-Behandlung, Nerv-Frictionen mit einbegriffen.

Der Husten nahm allmälig ab, die Nachtschweisse hörten auf, der Atem wurde tief und frei, 16 oder 18 in der Minute; keine Atemnot mehr, der Appetit war gut. Während der Zeit, in der ich ihn behandelte, hatte der Kranke keine Anfälle von Ruhr. Seitdem hat er sich einer ausgezeichneten Gesundheit erfreut.

Die Behandlung dauerte 14 Tage.

## Vibrationen über dem Herzen.

Wenn wir Vibrationen über dem Herzen machen sollen, muss das sehr sorgfältig geschehen, indem die Hand nur leicht über die Herzspitze gelegt wird. So gut ihre Wirkung bei einer richtigen Ausführung ist, so schädlich ist sie auch im entgegengesetzten Falle. Ein schwaches Herz hat schon genug zu arbeiten, und kommt eine schwere Hand dazu, die noch schwerer durch ein steifes Handgelenk verbunden mit Beugung und Streckung desselben gemacht wird, so ist es nicht zu verwundern, wenn der Kranke sich nichts weniger als erleichtert fühlt, sondern vielmehr Schmerzen empfindet und manchmal sogar ohnmächtig wird.

Je nach dem Zustande des Kranken kann er liegen oder stehen, mit erhobenen oder herabhängenden Armen, oder mit im Nacken gekreuzten Händen (Fig. 33), die Brust aber muss immer gut heraus sein.

Die Vibrationen erzeugen einen stärkeren, ruhigeren und besseren Herzschlag. Besonders gut sieht man das bei einem Ohnmachtsanfall, wo das Herz aussetzt oder nur schwach schlägt, wie auch beim Gegenteile, dem Herzklopfen. Im ersteren Falle kehrt der Herzschlag bald zurück, im letzteren wird die Herzthätigkeit bald wieder eine regelmässige.

### Vibrationen des Unterleibes oder eines Teiles desselben.

Bei Vibrationen am ganzen Unterleibe ist die Lage des Kranken und die Stelle, an der die Hand aufgelegt wird, genau dieselbe wie bei Pétrissage. Für besondere Stellen wird ein Teil der Handfläche und Finger oder auch die Rückseite der Finger der leicht geschlossenen Hand gebraucht. Diese Vibrationen sind von grossem Werte bei Schmerzen wie in Typhilitis und gegen Diarrhöe, was auch die Ursache der letzteren sein mag; aber sie dürfen nie bei Verstopfung gegeben werden, da sie diesen Zustand hervorzurufen gerade geeignet sind.

In Verbindung mit der Bewegung von Vibrationen des Unterleibes möchte ich hier den Fall eines Herrn von ungefähr 57 Jahren erwähnen, der an Diarrhöe litt. Schon fünf oder sechs Wochen lang hatte er Schmerzen und Unbehagen im ganzen Unterleibe gefühlt. Tag und Nacht hatte er oft Stuhlgang, der häufig mit Blut vermischt war. Nach zweimaliger Behandlung functionierten seine Gedärme wieder normal und die Schmerzen hatten aufgehört.

Ein Freund von mir, ein junger schwedischer Offizier, den ich im Herbste 1889 in Stockholm traf, litt schon seit Wochen sehr stark an Diarrhöe, ehe er dies mir gegenüber erwähnte. Er wurde bedenklich blass und mager. Ich behandelte ihn zuerst an einem Abend vor dem Zubettgehen. Die Nacht, die auf die Behandlung folgte, war die erste, seit über vierzehn Tagen, in welcher er vollständige Ruhe hatte, während er vordem mehrere Male die Nacht hatte aufstehen müssen. Ich fuhr ein paar Tage lang mit der Behandlung fort, und in den vier oder fünf Wochen, die ich noch in Stockholm blieb, bekam er keinen Rückfall.

Was die Schmerzen anbelangt, so habe ich diese sowohl bei Kolik, als auch bei acutem Darmcatarrh und Bauchfellentzündung gelindert. Die Wirkung der Vibrationen, Verstopfung zu verursachen, ist von bedeutendem Vorteil, in Fällen dieser Art, wo die Thätigkeit der Gedärme vermieden werden muss.

Für die Blase ist es am besten, wenn man die Rückseite der gebeugten Finger gebraucht, wobei die Hand tief in das Becken eindringen soll.

In der Magengrube machen wir Vibrationen bei schmerzhaften Magenleiden, wie Geschwüren, acutem Catarrh und nervöser Dyspepsie. Wahrscheinlich wirken sie durch den Solar-Plexus des Sympathicus.

Wenn man sie bei der Menstruationsperiode, um Schmerzen zu lindern, oder zu starke Blutung zu stillen, anwendet, bei Metritis, Endometritis u. s. w., so muss man den Uterus mit dem Daumen und den übrigen Fingern fassen und gleichzeitig mit den Vibrationen rasche und leichte Frictionen verbinden. Diese Art des Verfahrens überhebt uns der Notwendigkeit einer innerlichen Behandlung bei den letzten oben erwähnten Leiden.

Bei Vibrationen für Erkrankungen des Anus, wie Hämorrhoiden und Prolapsus wird die letzte Phalanx eines oder mehrerer Finger gebraucht. Bei Prolapsus werden die Fingerspitzen um die hervortretende Masse gesetzt, ehe die Vibrationen beginnen.

Bei Behandlung von Hämorrhoiden genügt örtliche Behandlung nicht, sondern man muss auch Erschütterung der Leber, Pétrissage des Unterleibes u. s. w. anwenden.

### Vibrationen bei Geschwüren.

Ich tauche ein Stück Leinen oder Lint in eine antiseptische Lösung, drücke es aus und bedecke das Geschwür damit. Darüber lege ich etwas Guttapercha, damit die Hitze der Hand nicht in das Geschwür übergeleitet wird. Ich führe die Vibrationen mittelst der Handfläche aus und verbinde sie mit Pétrissage der Umgebung des Geschwüres, damit die umliegenden Teile gesund erhalten und zu grösserer Thätigkeit angeregt werden.

### Vibrationen bei Furunkeln und Abscessen.

Die Fingerspitzen und der Daumen werden an die Peripherie der erkrankten Gewebe aufgesetzt und unter Vibrationen einander und dem Mittelpunkte allmälig genähert. Dadurch wird das Serum gegen das Centrum gedrängt und das Reifwerden beschleunigt. Ist der Abscess offen, so entfernt diese Behandlung den Eiter aus demselben rascher, schmerzloser und vollständiger als irgend welcher Druck. Die übrige Behandlung von Abscessen ist dieselbe wie bei Geschwüren.

### Vibrationen bei Geschwülsten.

Dass Vibrationen bei Geschwülsten eine bestimmte und heilende Wirkung haben, kann aus folgenden zwei Fällen ersehen werden:

Im Sommer 1885 stand ich der Anstalt meines Bruders in London vor. Eine Dame, ungefähr 40 Jahre alt, kam damals zur Behandlung wegen einer harten Geschwulst am äuseren Teile der linken Brust. Die Haut darüber war etwas zurückgezogen und konnte nicht von der Geschwulst getrennt werden. Letztere hatte sich seit einigen Monaten gebildet und war jetzt 5 cm. im Durchmesser. Die Kranke klagte über heftige Schmerzen, welche, wenn sie ihren Höhepunkt erreichten, bis in den linken Arm hinuntergingen und sie am Schlafen hinderten.

Ich schrieb folgende Bewegungen vor: Vibrationen 5 Minuten lang über den vorderen und seitlichen Hautästen der Intercostalnerven und über den herabsteigenden Hautästen der Nackennerven, die über das Schlüsselbein nach unten der Brust zu laufen; Vibrationen der Geschwulst selbst, 20 Minuten und noch länger, bis der Schmerz gelindert war und eine allgemeine Behandlung von activen Bewegungen.

Die Kranke wurde zweimal täglich behandelt, wobei sie am Abend nur die speciellen Uebungen bekam. Nach Verlauf von 9 Monaten fühlte sie nur selten noch etwas Schmerz. Die Geschwulst war verschwunden und nur einige fibröse Stränge konnten noch an der ursprünglichen Stelle der Anschwellung gefühlt werden.

Eine Dame, 44 Jahre alt, litt seit ungefähr 4 Monaten an heftigen Schmerzen auf der linken Seite der Zunge. Dieselben wurden immer schlimmer und als sie zu mir kam, war sie weder Tags noch Nachts frei davon. Die Schmerzen waren oft so gross, dass sie nicht sprechen konnte und die ganze linke Seite des Gesichtes verzogen war. Bei diesen Gelegenheiten verbreiteten sich die Schmerzen von der Zunge über die ganze Seite des Kopfes und Halses. Essen und Sprechen waren schmerzhaft und die Beweglichkeit der Zunge gehindert.

Auf der linken Seite der Zunge fand ich eine Geschwulst, so gross wie eine Haselnuss, mit einer weissen Wunde, ungefähr 1 cm. lang und $\frac{1}{2}$ cm. breit. Die Kante war erhoben und unegal. Die Lymphdrüsen hinter dem aufsteigenden Aste des Unterkiefers und vorn vor dem M. sternocleido-masteudeus und unter dem Unterkiefer waren vergrössert und hart. Die Gesichtsfarbe war gelblich und blass. Das Leiden war durch einen zerbrochenen Zahn, der die Zunge gereizt hatte, hervorgerufen. Die Mutter der Patientin war am Unterleibskrebs gestorben.

Frictionen über N. N. lingualis, facialis und Ganglion submaxillaris waren äusserst schmerzhaft, auch fühlte die Patientin dieselben auf der kranken Stelle.

Die Behandlung wurde zweimal am Tage gegeben. Am Morgen für den ganzen Körper, um die Kraft zu heben und nur kurze Zeit an der Zunge selbst, am Abend war sie dahingegen fast nur örtlich, und bestand aus Vibrationen direct auf der kranken Stelle, Frictionen und Vibrationen über den verschiedenen Nerven auf der linken Seite des Gesichtes und Halses und Erschütterungen und Vibrationen über den vergrösserten Lymphdrüsen. Diese Behandlung dauerte ungefähr jedesmal dreiviertel Stunden.

Man konnte, nachdem ich die Patientin sechs Monate lang behandelt hatte, nichts von der Geschwulst sehen oder fühlen. die Lymphdrüsen waren normal. Führte man aber die Fingerspitze langsam am Rande der Zunge entlang, so kam man auf eine Stelle, die bei Berührung ziemlich stark schmerzte. An diesem Punkte fühlte die Patientin noch ein Jahr lang dann und wann ein scharfes Stechen oder Brennen. Während dieser ganzen Zeit bekam sie dafür specielle Behandlung. Die Schmerzen verloren sich dann vollständig und die Zunge hat ihr seitdem keine Sorge mehr gemacht.

## Nerv-Vibrationen.

In der „Medical Press and Circular" vom 25. Juli 1888 habe ich schon über die verschiedenen Arten, Nerv-Vibrationen auszuführen, gesprochen, und erlaube mir, das damals Gesagte zu wiederholen.

„Man kann einen Nerv zur Vibration bringen entweder durch Frictionen, die man quer darüber ausführt auf eine ähnliche Weise, wie ein Harfenspieler über die Saiten seiner Harfe fährt, oder man macht Vibrationen über dem Nerven. Wird die letztere Art gebraucht, so folgt man entweder seinem Verlaufe mit den Fingerspitzen in centripetaler Richtung, oder man hält diese unbeweglich und macht Vibrationen an den Stellen, die am schmerzhaftesten sind.

„Die verschiedenen Arten der Behandlung (Frictionen oder Vibrationen) hängen von der Lage und Umgebung des Nerven ab. Der Nervus medianus ist der geeignetste, um die erste Methode klar zu machen. Der Arm wird abducirt, bis er die horizontale Lage erreicht. Der aus der Achselhöhle tretende Nerv kann leicht als ein dicker Strang, der an der Aussenseite der Arteria brachialis liegt, gefühlt werden. Sobald man in oben beschriebener Weise mit den Fingerspitzen rasch in querer Richtung darüber streicht, wird ein dem elektrischen Reiz ähnliches Gefühl hervorgerufen. Der Nervus supraorbitalis, der auf dem Knochen liegt, ist ein gutes Beispiel, an dem man die zweite Art des Verfahrens anwenden kann.

„Es ist notwendig, dass die Gewebe, die zwischen den Fingern und dem Nerven liegen, sich mit ersteren als ein Ganzes bewegen, da sonst die Frictionen ihren Bestimmungsort nicht erreichen und die Behandlung nutzlos wird.

„Meiner eigenen Erfahrung nach sind die Wirkungen dieser mechanischen Methode, soviel ich urteilen kann:

„1. **Die Hebung der nervösen Energie.**

„2. **Linderung der Schmerzen** (wie man bei Gesichtsneuralgie, Ischias, Migräne und ähnlichen Krankheiten sehen kann).

„3. **Zusammenziehung der kleineren Blutgefässe** (Schwere im Kopfe wird bald durch Anregung der sensiblen Nerven des Kopfes gehoben. Frictionen über die sensiblen Aeste des Cervical- und Brachial-Plexus verursachen bei fast jedem ein Kältegefühl, das bis in den Rücken und sogar in den Beinen gefühlt wird. Dasselbe ist oft von Gänsehaut begleitet).

„4. **Anregung der Muskeln zur Contraction.** (Bei vielen schwachen Personen und bei einigen, deren Nervensystem in höchstem Grade erregt war, habe ich dies besonders ausgeprägt gesehen. Auf Frictionen über den N. N. medianus und musculospiralis z. B. folgten entsprechende Beugungen und Streckungen des Handgelenkes und auch der Finger.)"

Bei dieser Gelegenheit möchte ich eine kranke Dame erwähnen, die ich während der letzten Wochen meines Aufenthaltes in Pola sah, und die an krampfhafter Reflexlähmung litt. Ihre unteren Gliedmassen waren nach einer schweren Entbindung fast fünf Jahre lang steif gestreckt geblieben. Nach Erregung der Beinnerven und derjenigen unter dem Fusse erfolgte sofort Beugung der Beine.

Sie kehrten in ihre gestreckte Lage zurück, als die Anregung aufhörte, aber nachdem ich die Dame ein paar Mal behandelt hatte, konnten die Füsse ungefähr 20 cm. von einander entfernt werden, und die Steifheit des Kniees und Sprunggelenkes war nicht so gross wie vorher.

Ausserdem kann ich noch hinzufügen:

„5. **Vermehrte Absonderung der Drüsen.** (Frictionen über den Facialis oder an der Stelle, wo das Ganglion submaxillare liegt, rufen sofort vermehrte Speichelabsonderung hervor.)

„6. **Verminderte Absonderung aus der Haut.** Ich habe oft bemerkt, dass, wenn ich Kranke mit Frictionen über den Nackennerven behandelte, der Schweiss, der zuerst über den ganzen Körper bemerkbar gewesen war, rasch unter dem Einflusse dieser Bewegungen verschwand, und dass reichlicher Schweiss in den Handflächen durch Frictionen aufhörte, die ich dem Nervus medianus applicirte.

„7. **Abnahme der Temperatur.** Dies wird besonders gut bei Fieber und fieberhaften Zuständen beobachtet.

„Was Druck auf den Nerven anbetrifft, so fand ich ihn sehr nützlich in vielen Fällen von Migräne und Neuralgie. Der Druck wurde eine bis mehrere Minuten hinter einander ausgeübt und nach einer kurzen Pause wieder erneuert, wobei die ganze Behandlung zwischen 5 bis 20 Minuten dauerte."

Mein Bruder, Director Henrik Kellgren, hat innerhalb der letzten 20 Jahre dieses System der direkten mechanischen Anregung der Nerven ausgearbeitet und bedeutend entwickelt. Auch Ling und seine Schüler hatten schon eine Ahnung von dieser Methode, wie es ersichtlich ist aus den Schriften von Georgii (*Traitment des maladies par le mouvement, Paris 1847*).

Sie beobachteten die Wirkung der Frictionen von vorn nach rückwärts in der Richtung des Sinus longitudinalis und transversus, und fanden, dass diese Frictionen nicht nur Zusammenziehen der Kopfhaut hervorbrachten, sondern dass auch ein Kältegefühl im Rücken herablief und gebrauchten sie erfolgreich in mehreren Fällen von Blutfülle im Kopfe und Blutandrang nach dem Gehirn.

## NERV-VIBRATIONEN.

Diese Frictionen werden von meinem Bruder auf folgende Weise ausgeführt:

Der Daumen und die Finger werden leicht gebeugt gehalten, so dass die vordere Hälfte der Rückenfläche der Nägel mit dem Schädel in Berührung kommt und mit leichten Vibrationen werden sie nach rückwärts geführt (Fig. 34). Wenn sie bei der Protuberantia occipitalis anlangen, so gehen die Finger und der Daumen in der Richtung des einen und des anderen Sinus transversus auseinander.

Fig. 34.

Dass die Wirkung dieser Vibrationen eine bedeutende ist, können wir schon aus dem Gefühle, das sie hervorrufen, ersehen, wie auch aus der Thatsache, dass alle sensiblen Nerven der Kopfhaut so beeinflusst werden.

Diese Frictionen sollten niemals bei einer allgemeinen Behandlung des Kopfes ausgelassen werden. Mit ihnen zusammen muss man Bewegungen machen, die dem Kopfe das Blut entziehen oder es ihm zuführen, je nach dem es der Fall erfordert.

Ling und seine Schüler versuchten auch Frictionen über

den Phrenicus und den Ischiadicus major, bei dem ersten, um Krämpfe des Zwerchfells zu heben. Dies wird aber rascher und sicherer erreicht durch leichte Erschütterungen in der Magengrube, wie ich mich bei einem Kranken in dem Marine-Hospital in Pola überzeugt habe, der in einer Chloroform-Narkose von diesem Krampfe befallen wurde. Die Erschütterungen hatten die Richtung von unten nach oben und rückwärts.

Sobald ein sensibler Nerv durch Elektricität erregt wird, ziehen sich die Blutgefässe zusammen. Da nun diese Frictionen über den Medianus und mehreren anderen Nerven genau dasselbe Gefühl wie bei dem elektrischen Strome hervorrufen, und da das Kältegefühl, das über den Körper geht und von Gänsehaut begleitet ist, durch Zusammenziehen der kleineren Blutgefässe der Haut verursacht werden muss, so müssen diese Frictionen, mit den darauf folgenden Vibrationen, dieselbe Wirkung, wie die elektrische Reizung hervorbringen. Dies habe ich als Leitgedanken für die Anwendung dieser Art Nerven-Anregung genommen, und der Erfolg scheint diese Ansicht vollkommen zu rechtfertigen.

Ehe man diese mechanische Nerven-Reizung anwendet, muss man sorgfältig darauf achten, dass man den Nerv entweder fühlt oder doch ganz sicher über seine topographische Lage ist, und dass man ihn dann ordentlich trifft, wenn er tief liegt, wie es z. B. bei dem grossen Ischiadicus in der Glutealgegend der Fall ist.

Haben wir es mit einem motorischen oder einem gemischten Nerven zu thun, und wir wollen ihn nur ganz einfach erregen, so geben wir Frictionen seinem ganzen Verlaufe entlang; aber ist Schmerz vorhanden, oder der Nerv ist rein sensibel, so sind Vibrationen allein, oder auch gefolgt von stetem Drucke, vorzuziehen. Die Vibrationen müssen dann, wie vorher beschrieben, gemacht werden. Wir müssen auch daran denken, dass oft mehrere Nerven aus einem Plexus kommen, und dass, obgleich nur ein Nervenast anscheinend Schmerzen verursacht, die anderen Nerven oder Aeste doch ihre Erregung nach demselben Mittelpunkte schicken und so auf den kranken Nerv oder Ast zurückwirken. Man muss auch, wo es möglich ist, den Stamm selbst und nicht den Zweig behandeln.

Es unterliegt keinem Zweifel, dass wir in den Nerv-Vibrationen, verbunden mit anderen passiven und activen Bewegungen, eine mächtige Waffe gegen das Fortschreiten der meisten Nervenkrankheiten besitzen. Ich habe mehrere Fälle von Paralysis, locomotorischer Ataxie, spastischer Paralyse u. s. w. gesehen, die dadurch viel besser geworden sind. Der Erfolg der Heilgymnastik in diesen und anderen Nervenkrankheiten würde noch viel erfolgreicher sein, wenn nur die Kranken sich eher dieser Behandlung unterwerfen wollten. Jetzt wird sie nur gebraucht als das letzte Mittel, wenn alle übrigen fehlgeschlagen sind. Nicht nur haben wir dann die Krankheit in sehr vorgeschrittenem Grade zu bekämpfen, sondern auch den gesunkenen Mut und die verlorene Energie des Kranken, die so ungünstig auf sein Allgemeinbefinden zurückwirken.

Nun möchte ich noch einige Anweisungen geben, wie man am besten und leichtesten die einzelnen Nerven treffen kann.

## Nerven des Kopfes und Halses.

### Nervus occipitalis major, Nervus occipitalis minor und Nervus auricularis major.

Diese genannten Nerven sind alle Aeste des zweiten Halsnervenpaares, der letztere hat auch eine Wurzel vom dritten Paare. Wir finden sie am besten etwas unter der tieferen Hälfte des Processus mastoideus (Fig. 35). Frictionen daselbst verursachen ein Kältegefühl, das den Körper herabrieselt, und wenn sie fester gemacht werden, so wird Schmerz nicht nur an der Applicationsstelle der Finger, sondern auch im Innern des Kopfes bis vorn hin nach der Stirngegend und bis oben an den Scheitel gefühlt.

Behandlung dieser Nerven hilft bei Kopfschmerzen und Blutandrang nach dem Gehirn und ist höchst wirksam bei einseitigem Kopfweh (Hemicranie), Schlaflosigkeit u. s. w. Bei Migräne zeigt sich das oben erwähnte Schmerzgefühl am deutlichsten.

Ich habe durch Behandlung dieser Nerven auch heftige Kopfschmerzen bei Fieber geheilt.

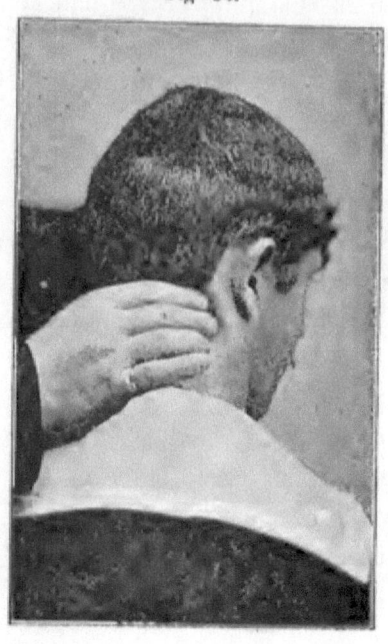

Während meines Aufenthaltes in Pola herrschte eine leichte Epidemie von Cerebro-spinal- meningitis (Genickstarre). Ein Marineoffizier, der daran litt, wurde in's Hospital gebracht. Vier Tage und Nächte hatte er sehr heftige Kopfschmerzen, verbunden mit Fieber, gehabt. Antipyrin, Einspritzungen von Morphium und andere Mittel waren versucht worden, aber die Kopfschmerzen liessen nicht nach, auch konnte er keinen Schlaf finden. Man bat mich, zu versuchen, ihm Linderung zu verschaffen. Ich gab ihm Frictionen über diesen Nerven abwechselnd mit beständigem Druck. Vibrationen auf dem Scheitel in einer Linie mit dem Sinus longitudinalis, wie vorher beschrieben, zusammen mit einigen anderen passiven Bewegungen, die das Blut vom Kopfe leiten, und ich schloss ab mit allgemeiner Pétrissage des Unterleibes. Nach der ersten Behandlung am Morgen verschwanden die Kopfschmerzen und der Kranke schlief einige

Stunden. Ich behandelte ihn nochmals am Nachmittage und Abend. Gegen Abend bekam er etwas Kopfschmerzen. Nach der letzten Behandlung fühlte er sich frei im Kopfe. In der Nacht schlief er gut und am folgenden Morgen erwachte er ohne Kopfweh. Dasselbe trat nicht wieder auf.

Im Anfang sollen mehrere Minuten lang Vibrationen oder kurze und rasche Frictionen gemacht und dann ein beständiger Druck mit den Fingern ausgeübt werden. Der Kranke fühlt zuerst heftige Schmerzen im Kopfe, aber entweder hören diese noch während der Behandlung auf, oder sie verschwinden kurze Zeit, nachdem sie beendigt ist. Bei Blutandrang nach dem Gehirn oder Vollblütigkeit müssen alle sensiblen Nerven des Kopfes behandelt werden.

In Verbindung mit der Behandlung von Migräne durch Frictionen und Vibrationen über dem zweiten Paare der Cervicalnerven, werde ich die Behandlung beschreiben, welche ich bald seit zwei Jahren mit grossem Erfolge gebraucht habe und zur Illustration derselben, will ich gerade den Fall erwähnen, bei welchem ich die neue Art diese Krankheit zu bekämpfen, herausgefunden habe.

Ende April 1892 kam eine Dame (42 Jahre alt) zu mir für Migräne in Behandlung. Sie hatte fast ihr ganzes Leben lang an Migräne gelitten, die Anfälle traten in den letzten Jahren öfter auf und hielten länger an. Sie dauerten häufig mehrere Wochen, mit nur wenigen Pausen. In dieser Zeit war der Kopf aber nicht ganz frei von den Schmerzen, sondern nur der Grad derselben war geringer. Die Schmerzen waren während der heftigsten Anfälle so stark, dass sie krampfartiges Zusammenziehen der Arme und Beine verursachten und die Kranke sogar die Besinnung verlor. Die Art der Schmerzen war verschieden, je nach der Seite des Kopfes, die damit befallen war. Gewöhnlich war es die rechte, und dann war es wirkliche Migräne, mit ihren charakteristischen Symptomen: wie Uebelkeit, Schimmer vor den Augen u. s. w. Der Schmerz fing fast immer über dem Auge an, ging bald in das Auge selbst und hinter dasselbe, bis in die Schläfe, und die ganze Seite des Kopfes. Auf der linken Seite dagegen war der Schmerz meistens rein neuralgischer Art. Die Zeit der Dauer war auch auf beiden Seiten verschieden. Wenn die rechte Seite angegriffen war, dauerte der Anfall zwei bis drei Tage und verschwand allmälig, während er auf der linken Seite nur einen oder einen halben Tag dauerte und gegen Abend plötzlich verschwand.

Die Anfälle wurden durch Uebermüdung, falsche Diät und manchmal durch keine bestimmbare Ursache hervorgerufen.

Die Perioden waren stets von Migräne begleitet. Dieselben dauerten neun Tage, der Fluss war stark, besonders am dritten und vierten Tage, war aber von keinen Schmerzen begleitet und kam regelmässig an jedem 28. Tage. Am dritten und vierten Tage erreichten die Kopfschmerzen ihren Höhepunkt.

Die Patientin hatte auf Diät zu achten, da sie leicht an Verdauungsschwäche litt, der Stuhlgang war normal. Sie hatte an Hämorrhoiden gelitten, war aber durch eine Operation davon befreit, und hatte seitdem keine Beschwerden dadurch gehabt. Der Schlaf war gewöhnlich schlecht. Wenn die Anfälle so stark waren, Krampf zu verursachen, dann war der Urin nachher stets abnorm reichlich und klar.

Als die Patientin zu mir kam, hatte sie ihre Periode und war am Tage vorher von einem sehr heftigen Migräne-Anfall befallen gewesen, welcher noch nicht ganz vorüber war.

Als ich sie untersuchte, fand ich, dass jeder Nerv am Kopfe sehr empfindlich war. Die leichtesten Frictionen über den Cervicalnerven riefen krampfhafte Zuckungen in Armen und Beinen hervor, und zwar am meisten auf der rechten Seite. Frictionen über den sensiblen Rückennerven, zwischen den Schultern, weiter unten über den Lenden-, Kreuz- und Hüftgegenden, verursachten Schmerz, besonders in den zwei letztgenannten und auf der linken Seite.

Palpation des Unterleibes war in der hypogastrischen Gegend, und nach der linken Seite zu, schmerzhaft. Die Patientin war, da es der fünfte Tag war, von dem starken Blutverlust sehr schwach.

Die Behandlung wurde gleich angefangen und bestand aus Vibrationen über den sensiblen Nerven des Kopfes, Frictionen über den Cervicalnerven für die Migräne; um den Blutverlust zu stillen, gab ich Frictionen über den sensiblen Nerven im Rücken und besonders in den Lenden- und Sacralgegenden, Pétrissage der Arme, Rollen der Füsse, von Biegen und Strecken derselben gefolgt. Zuletzt allgemeine Pétrissage des Unterleibes mit Vibrationen gerade oberhalb des Schambogens, um auf die Gebärmutter und die Ovarien einzuwirken.

Die Patientin fühlte sich nach der Behandlung viel leichter, und zwar nicht nur im Kopfe, sondern auch im ganzen Körper.

22. April. Der Tag und die Nacht waren besser. Die Nerven am Kopfe sind nicht mehr so empfindlich. Frictionen über den Nackennerven rufen keine Zuckungen in den Armen oder Beinen hervor.

26. Die Patientin hatte gestern Nachmittag Neuralgie auf der linken Seite des Kopfes, sonst fühlte sie sich viel besser. Sie hatte in den letzten Nächten ungefähr fünf Stunden lang ununterbrochenen Schlaf. Die Periode hörte gestern (am neunten Tage) auf. Die Ermattung war diesmal nicht so gross.

28. Gestern verschrieb ich der Patientin noch einige passive und active Uebungen. Sie hat in der Nacht darauf sehr gut geschlafen, wachte aber mit Kopfschmerzen über den Augen auf, die allmälig nachgelassen hatten und während der Behandlung vollständig verschwanden.

29. Der Kopf war heute Morgen ganz frei von Schmerzen. Die Patientin hat ausgezeichnet geschlafen, obgleich sie einen grossen Ball besucht hat, wonach sie früher sicher Kopfschmerzen bekommen hätte. Sie fühlt sich auch nicht müde.

7. Mai. Gestern Nachmittag nervöse Kopfschmerzen, aber sie verschwanden in einigen Stunden.

21. Die Periode ist am 17. eingetreten und der Blutverlust war geringer, auch war sie von keinen besonders starken Kopfschmerzen behaftet — die Abmattung war diesmal nicht gross. Die Patientin nahm während der ersten drei Tage keine Behandlung. Als sie wieder kam, wurden die Kopfschmerzen durch dieselbe gehoben, und zwar mit folgender Bewegung. Wie gewöhnlich war die rechte Seite die kranke. Auf dieser Seite fand ich über

der Schläfe hier und da empfindliche Stellen, die nur auf dem Berührungspunkte schmerzten, aber ich fand auch eine, von welcher der Schmerz sich in den Kopf herein und besonders hinter den Augen verbreitete. Hier gab ich einige Minuten lang Vibrationen und die Migräne war vorüber.

Die erwähnte Stelle trifft, soweit ich sehen kann, mit dem Ausgangspunkte des N. temporo-orbitalis, ein Zweig des N. maxillaris superior, zusammen. Sie wird leicht ungefähr 2 cm. vom äusseren Winkel des Auges gefunden, wenn man von dem oberen Rande der Augenhöhle den Finger horizontal nach auswärts führt. Um sie sicher zu finden, macht man zuerst leichte Frictionen.

Die Vibrationen werden mit einer Fingerspitze sehr vorsichtig gemacht. Genau muss aufgepasst werden, dass der Kopf nicht im geringsten erschüttert wird, da dies die Migräne verschlimmern würde.

25. Juni. Die Patientin konnte während des letzten Monats nicht ganz regelmässig in Behandlung kommen. Obwohl sie sehr viel zu thun hatte, und oft übermüdet war, so ist der Kopf doch gut geblieben. Die Periode fing am 11. an und hörte am 17. auf, der Blutverlust war diesmal normal.

Am 11., 12., 13. und 14. behandelte ich sie zu Hause. Sie hatte keine Migräne und konnte mit freiem Kopfe lesen und schreiben, ohne jegliche schlimme Folgen, was sonst während der Periode seit Jahren nicht vorgekommen war.

Am 15. kam sie am Vormittage wieder in Behandlung und fühlte sich sehr wohl. Obgleich ihr Ruhe verordnet war, müdete sie sich am Nachmittage vollständig aus, und in Folge dessen trat ein heftiger Anfall von Migräne ein. Sie konnte keinen Lichtschein vertragen, das geringste Geräusch vermehrte die Schmerzen und sie hatte heftige krampfhafte Zuckungen in Armen und Beinen. Ich wurde geholt und ich hob die Migräne vollständig mit der oben beschriebenen kleinen Vibrationsbewegung an der Seite vom Kopfe. Die Kranke konnte wieder Licht und lautes Sprechen vertragen, und nachdem ich sie ungefähr um 8 Uhr Abends verliess, schlief sie ein und schlief die ganze Nacht gut. Nach sechs Monaten, während welcher Zeit der Kopf sehr gut war, wurde wieder nach mir geschickt, und habe ich dann die Migräne auch mit oben erwähnten Vibrationen fortgebracht. Als die Patientin im Sommer 1892 aufhörte, sagte ich ihr, dass die Zeit zu kurz gewesen sei, um eine vollständige Heilung zu Stande zu bringen. Obwohl es ihr aber, wegen Mangel an Zeit, unmöglich gewesen ist, die Behandlung wieder fortzusetzen, so hat sich ihr Zustand doch sehr viel gebessert und die Anfälle der Migräne kommen nur selten.

## Nervus supraorbitalis.

Man findet diesen Nerv am besten in der Incisura oder dem Foramen. Wenn eine Incisura besteht, so kann man den Nerv leicht finden, aber wenn er durch ein Foramen läuft, so kann man

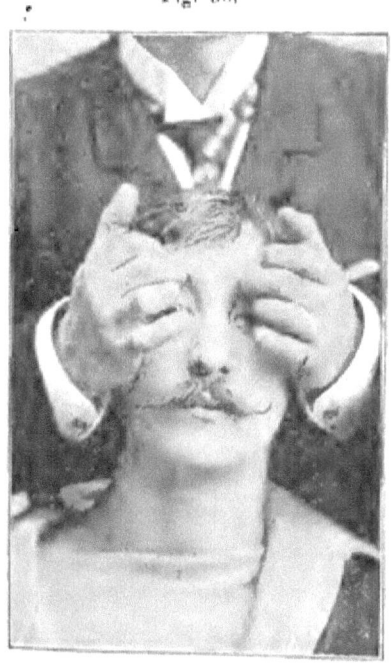

Fig. 36.

ihn am besten dadurch erreichen, dass man die Spitze des Zeige- oder Mittelfingers in die Augenhöhle setzt und ihn fühlt, wie er an ihrem Dache liegt, gerade ehe er in das Foramen eintritt. An beiden Stellen ist es vorzuziehen, die Frictionen darüber mit der Rückseite des Nagels zu machen, wobei man sich in Acht nehmen muss, nicht die Kante zu gebrauchen. (Zu beachten ist die starke Beugung der letzten Phalanx in Fig. 36.)

Auf der Stirn verfolgen wir zuerst den Nerven unter leichten Frictionen von der Incisura nach oben, und wir finden ihn wie einen dünnen Strang liegend, der nach der Schläfe zu sich etwas

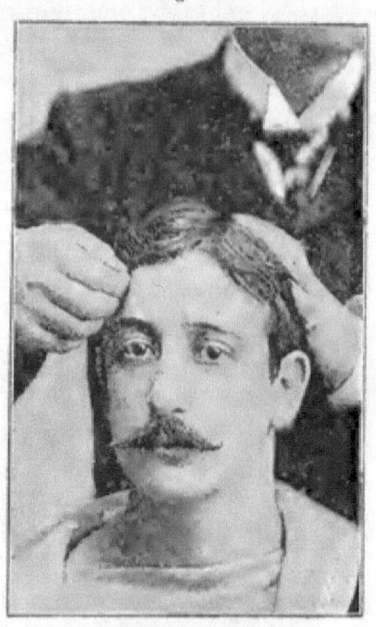

nach aussen zieht. Hat man seinen Verlauf gefunden, so fängt man die Vibrationen an, die immer wieder in centripetaler Richtung gemacht werden (Fig. 37).

Fig. 38 zeigt, wie der Daumen an den Zeigefinger gelegt wird, wenn wir mit der Rückseite des Nagels arbeiten, nämlich nicht mit der äussersten Spitze, sondern näher dem letzten Phalangeal-Gelenke. Dieses giebt der Behandlung eine grössere Weichheit. Bei Neuralgie in diesem Nerven genügt es schon oft, ihn allein zu behandeln; wenn nicht, so mache ich Vibrationen über den anderen Zweigen, welche von demselben Nervenstamme kommen.

# NERV-VIBRATIONEN.

Fig. 38.

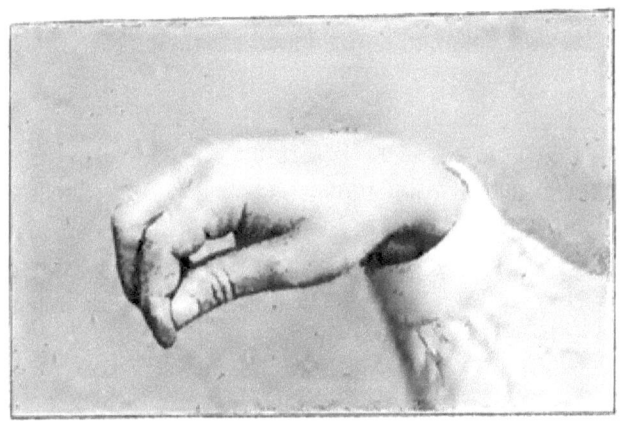

### Nervus supratrochlearis und Nervus nasalis.

Der N. supratrochlearis kommt auf der inneren Seite der Augenhöhle heraus und läuft fast vertical über die Stirn nach oben.

Der Nervus nasalis ist seitlich an der Vereinigungsstelle des Nasenbeins mit dem knorpligen Teile der Nase zu finden.

Vibrationen über diesen beiden Nerven sind sehr wohlthuend bei Nasenkatarrh, Schnupfen und den ihn begleitenden Stirnkopfschmerzen.

Ein sensibler Zweig, wahrscheinlich vom Nervus lacrymalis, verläuft um den äusseren Rand der Augenhöhle, gerade dem äusseren Lidwinkel gegenüber. Leichte Frictionen oder Vibrationen an der Stelle verursachen selbst bei gesunden Personen bedeutende Reizung, während bei denen, die irgend welche Augenkrankheit haben, der Schmerz ein ganz ausgesprochener ist.

### Nervus maxillaris superior und Nervus mentalis.

Wenn wir eine gerade Linie von dem supraorbitalen Ausschnitte nach abwärts ziehen, so finden wir diese Nerven ohne Schwierigkeit dort, wo sie aus ihren respectiven Foramina heraustreten, den ersteren ungefähr $1\frac{1}{2}$ cm. unter dem unteren Rande der Augenhöhle. Ich habe neuralgisches Zahnweh sofort geheilt und selbst in Fällen, wo der Zahn krank war, haben die Schmerzen nachgelassen, als ich ein paar Minuten lang Vibrationen darüber gemacht habe. Durch dieselbe Behandlung habe ich auch Schmerzen vertrieben, die in den Zähnen und Kiefern durch starke Quecksilber-Salbe hervorgerufen waren.

### Nervus facialis.

Beim N. facialis kann man am leichtesten Frictionen an der Stelle machen, wo er über dem aufsteigenden Aste des Unterkiefers herauskommt. Sie werden von oben nach unten gemacht (Fig. 39). Die erste Wirkung, wenn Frictionen angewandt werden, ist ein eigentümliches, prickelndes Gefühl nicht

Fig. 39.

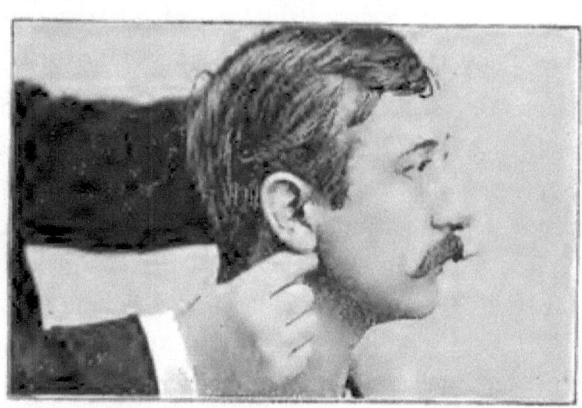

nur auf der Seite des Gesichtes, sondern auch im Rachen und sehr häufig auch im Ohre.

Dieser Nerv soll auch in Fällen von Gesichtslähmung erregt werden. Während ich bei meinem Bruder arbeitete, hatte ich Gelegenheit, zwei Fälle von vollständiger Genesung zu beobachten. Der eine betraf einen kleinen 5jährigen Knaben, der andere ein 14jähriges Mädchen.

Bei allen Halskrankheiten wird dieser Nerv behandelt, nicht nur wegen seiner Verbindung mit dem Rachen, sondern auch um vermehrte Speichelabsonderung der Parotis hervorzurufen, was dazu dient, das zähe und klebrige Secret, das sich angesammelt hat, zu entfernen.

### Nervus lingualis.

Um den N. lingualis zu finden, muss man den Kopf etwas nach der Seite zu beugen, wo der Nerv liegt, der behandelt werden soll, und die Friction wird von innen nach aussen gemacht. Auch dies erhöht die Speichelabsonderung der Submaxillar-Drüsen.

Sitzt der Kranke mit erhobenem Kopfe und machen wir Frictionen von hinten nach vorn zwischen der Submaxillar-Drüse und dem Unterkiefer, so zeigt ein prickelndes Gefühl an, dass das **Ganglion submaxillare** getroffen worden ist.

### Nerven-Frictionen und Vibrationen am Augapfel selbst.

Der Kranke muss nach unten blicken und dann die Augen schliessen. Die Spitze des Zeigefingers wird nun auf den oberen Teil des Auges gesetzt, genau an der Innenseite des senkrechten Durchmessers des Augapfels (Fig. 40).

Fig. 40.

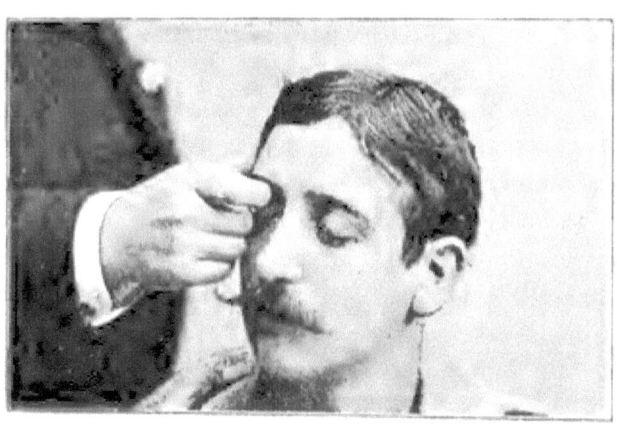

Hier werden leichte Frictionen nicht nur im Auge selbst, sondern auch im Innern des Kopfes und zwar in seinem vorderen Teile stark gefühlt. An anderen Stellen des Auges ist das Gefühl nicht so lebhaft ausgeprägt. Der Kranke hat mehr die Empfindung, als wenn er Sand im Auge hätte.

Diese Nerven werden bei Augenkrankheiten, aber auch bei

Migräne und gewöhnlichen Kopfschmerzen erregt. Bei einem Patienten, der grossen Blutverlust gehabt hatte, und der infolgedessen an heftigen Kopfschmerzen litt, machte ich diese Vibrationen auf beiden Augen gleichzeitig, da jede andere Behandlung nicht zu helfen schien. Ich musste sie ungefähr 15 Minuten lang geben, ehe die Kopfschmerzen ganz verschwanden.

Eine vollständige Augenbehandlung besteht aus folgenden Bewegungen: Frictionen über die Nerven supraorbitalis, supratrochlearis, dem Zweige der beim äusseren Augenwinkel heraustritt. Nervenfrictionen und Vibrationen am Auge selbst (Fig. 40); Vibrationen auf dem Auge (Fig. 31 und 32). Hierauf folgt eine allgemeine Behandlung des Kopfes mit den verschiedenen Nervenfrictionen und ableitenden Bewegungen, wie in Fig. 47 und 48 gezeigt wird.

Fräulein M., Schneiderin, verletzte ihr Auge am 12. December 1887. Sie schüttelte ein Handtuch aus, wobei eine der Ecken ihr rechtes Auge heftig traf. Es fing an zu schmerzen und wurde in der Nacht so schlimm, dass sie nicht schlafen konnte.

Am Morgen des 13. ging sie zu einem Arzt, der ihr sagte, dass sie eine Wunde über dem dunkeln Teile des Auges habe. Er träufelte ihr etwas in's Auge und gab ihr eine Flüssigkeit, womit sie es baden sollte. Als ich am Abend zu der Dame, bei der sie arbeitete, und die eine Patientin von mir war, kam, wurde mir gesagt, dass der Schmerz während des Tages beständig zugenommen hatte, und man bat mich, das Auge anzusehen und, wenn möglich, Linderung zu verschaffen.

Als ich Fräulein M. ungefähr um halb zehn Uhr abends sah, waren die Augenlider geschwollen und rot, die Conjunctiva injiciert, die Gefässe der Conjunctiva sclera erweitert und bis nach der Hornhaut zu verlaufend. Als ich die Hornhaut untersuchte, fand ich eine Wunde direkt über dem horizontalen Durchmesser, und etwas nach der Aussenseite der Pupille zu. Die Wunde sah jetzt nicht mehr wie ein Schnitt aus, sondern hatte sich nach allen Seiten hin ausgebreitet und war etwas grösser als ein gewöhnlicher Stecknadelknopf. Die Ränder waren unregelmässig und schienen erhaben. Eine geringe Absonderung von Eiter, viel Thränenfluss und Lichtscheu waren vorhanden. Die Pupille war sehr vergrössert und starr und hatte ihre regelmässige Kontur verloren. Alle Aeste des fünften Kopfnerven schmerzten heftig bei Frictionen.

*Verlauf und Behandlung.* Ich gab Vibrationen am Auge und Frictionen über den Aesten des fünften Kopfnerven. Diese Behandlung musste ich ungefähr 20 bis 25 Minuten lang fortsetzen, ehe der Schmerz vollständig verschwand. Da die medizinische Behandlung ihr nichts geholfen hatte, riet ich ihr damit aufzuhören, das rechte Auge bedeckt zu halten und das linke auf keinen Fall anzustrengen.

14. Dec. Der Schmerz kam später in der Nacht, aber nur sehr gering, zurück. Sie schlief ziemlich gut. Die Anschwellung und die Röte der Augenlider sind bedeutend geringer geworden. Die Injection der Conjunctiva sowohl an den Lidern als an der Sclera ist beträchtlich verringert. Die Pupille reagiert nur wenig und träge. Die Kranke fühlt fast keinen Schmerz, wenn sie in ein starkes Licht sieht.

15. Dec. Der Schmerz ist vollständig verschwunden, auch in der Nacht fühlt sie keinen. Das obere Lid ist beinahe normal, die Injection im Auge ist geringer als am Tage vorher. Die Pupille reagiert besser und die Wunde auf der Hornhaut ist zugeheilt.

16. Dec. Kein Thränenfluss; das Auge ist klar, die Pupille normal, die Kranke kann gewöhnlichen Zeitungsdruck lesen.

Nach achttägiger Behandlung konnte sie wieder ohne Beschwerde oder Schmerz nähen.

Die Behandlung während der ganzen Zeit, ausgenommen am ersten Tage, dauerte am Vormittag 10, am Abend 5 Minuten. Am 15. Dec. gab ich auch Nerven-Vibrationen am Auge selbst. (Fig. 40.) Die Behandlung wurde noch ein paar Tage lang am Abend fortgesetzt.

Frau Ch-k., 46 Jahr alt, hat seit ihrem sechszehnten Jahre an Epistaxis gelitten. Die erste Blutung von der Nase war ganz besonders stark. Sie dauerte 6 Stunden und es folgten Fieber und grosse Ermattung darauf. Das Nasenbluten kam nachher sehr oft, sobald sie sich überanstrengt oder übermüdet hatte.

War ihr allgemeiner Gesundheitszustand schwächer, so trat es häufiger auf.

Sie litt seit mehreren Jahren an Migräne. Die Anfälle kamen oft ein paar Mal in der Woche.

Am 22. Jan. 1893 bekam sie nach einem anstrengenden Tage sehr heftiges Kopfweh.

Am 24. konnte sie beim Zubettgehen mit beiden Augen gut sehen, als sie aber am 25. aufwachte, war sie auf dem rechten Auge blind.

Am 27. reiste sie nach London, wo sie Dr. Gunn konsultierte. Er fand, dass die Ursache der Blindheit eine Blutung im Auge war. Eine Woche darauf konsultierte sie Dr. Nettleship, der diese Diagnose konstatierte. Beide erklärten die Sehkraft des Auges für immer verloren. Man verordnete ihr, Zugpflaster auf die rechte Schläfe zu legen und gab ihr eine Medizin zum Einnehmen, welche das Blut im Auge resorbieren sollte.

Am 23. Febr. kam sie zu mir, um mich zu konsultieren. Ihr allgemeiner Gesundheitszustand war sehr zerrüttet. Sie konnte mit dem rechten Auge meine Finger nicht sehen, wenn ich sie einige Zoll davon entfernt hielt. Die Pupille war starr und reagierte nicht.

Als Ursache dieser Erscheinungen nahm ich die Diagnose der beiden bedeutenden Augenärzte an. Ich war überzeugt, dass ich den allgemeinen Gesundheitszustand der Patientin verbessern könnte und glaubte, dass Vibrationen auf dem Auge und Frictionen über alle obengenannten sensiblen Nerven, viel wahrscheinlicher als Zugpflaster und die Medizin, die man ihr gegeben hatte, Resorption des ausgetretenen Blutes verursachen würden.

Am 25. Febr. fing sie mit der Behandlung an und setzte sie zwei Monate lang fort.

Ich schrieb ihr vor, die Zugpflaster und die ihr verordnete Arznei nicht mehr zu gebrauchen und gab ihr anstatt dessen die vollständige Augenbehandlung, wie ich sie oben beschrieben habe und einige allgemeine Bewegungen, um den Gesundheitszustand zu kräftigen.

Ihre Gesundheit fing sehr bald an sich zu bessern, ihre Kopf-

## NERV-VIBRATIONEN. 71

schmerzen hörten auf und sie hatte während der ganzen Zeit kein Nasenbluten. Die Sehkraft des Auges kam allmälig zurück und als sie aufhörte, konnte sie den kleinen Druck einer Zeitung lesen. Das Auge war aber noch schwach und ermüdete leicht, ich riet ihr daher, es möglichst zu schonen und besonders vor starkem Licht zu schützen.

Während des Sommers erhielt ich einen Brief von ihr, worin sie mir mitteilte, dass ihr rechtes Auge jetzt ebenso kräftig wie das linke sei. Sie hatte weder an Kopfschmerzen noch Nasenbluten zu leiden gehabt und ihre Gesundheit war im allgemeinen ausgezeichnet.

### Nervus laryngeus superior.

Man kann diesen Nerv sehr leicht da treffen, wo er unter dem grossen Horne des Zungenbeines liegt, ehe er die Mem-

Fig. 41.

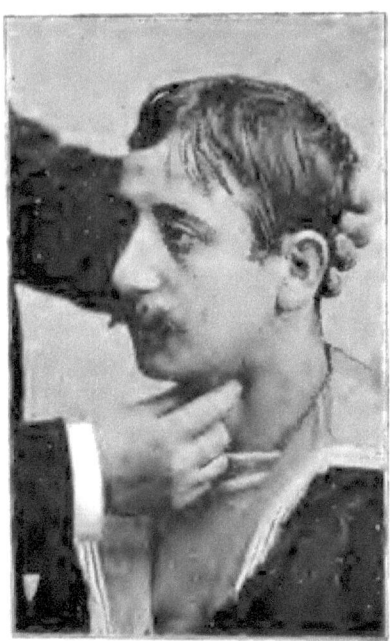

brana thyrohyodea durchbohrt. Die Fingerspitze wird an das hintere Ende des oberen Randes des Schildknorpels aufgesetzt und schnell nach vorn geführt (Fig. 41).

Schmerz fühlt man dabei an der Applicationsstelle, im Kehlkopfe, oft auch im Ohr und Rachen und oben im Kopfe. Wenn ich diese Behandlung an mir selbst vornehme und sie ein paar Sekunden lang fortsetze, so fühle ich entweder Schmerz oder ein Prickeln an diesen Stellen, und im Gehirn habe ich ein Gefühl, als wenn es durch ein starkes Band zusammengepresst würde. Dieser Nerv muss bei Kehlkopfkrankheiten erregt werden.

### Nervus laryngeus inferior.

Der Kopf muss nach der Seite, an welcher der zu behandelnde Nerv liegt, gebeugt und etwas nach vorn geneigt werden. Man lässt den Finger neben der Luftröhre an der inneren Seite des unteren Teiles der M. sternocleido-mastoideus heruntergleiten und macht die Friction in der Richtung gegen und über die Seite der Luftröhre. Bei gesunden Menschen angewandt, verursacht dies gewöhnlich Husten.

### Nervus vagus.

Der Nervus vagus liegt zwischen Carotis und Vena jugularis interna. Man muss den Kopf etwas nach vorn beugen und die pulsierende Arterie fühlen. Der Finger wird gerade an deren Aussenseite gesetzt, sorgfältig nach abwärts gedrückt, und dann macht man rasche Frictionen in querer Richtung. Bei Kranken, die an Bronchitis oder einer ähnlichen Krankheit leiden, verursacht diese Uebung fast immer Husten. Sie soll in Verbindung mit Erschütterungen der Luftröhre gegeben werden. Die Frictionen haben eine wohlthuende und beruhigende Wirkung auf das Herz, wenn die Thätigkeit desselben eine zu starke ist. Dieses muss in Betracht gezogen werden, wenn man Kranke mit schwachem Herzen behandelt, da sie Ohnmacht zur Folge haben können. Bei Magen- und Leberleiden verursachen Frictionen über den N. vagus oft Erbrechen.

### Das erste Nacken-Ganglion des Sympathicus.

Man steht hinter dem Kranken, dessen Kopf zuerst leicht nach rückwärts gebeugt ist. Dann wird der Finger hoch herauf an die Innenseite des Unterkiefer-Winkels gebracht. Darauf beugen wir den Kopf nach vorwärts, und indem die Fascia cervicalis erschlafft, führen wir den Finger nach oben und hinten, bis wir die vordere Fläche der Halswirbelsäule erreichen. Jetzt werden mit dem Finger rasche Frictionen von einer Seite nach der anderen gemacht, wodurch ein Schmerz hervorgerufen wird, dessen Heftigkeit und Verbreitung von der Kraft, mit welcher dieselben ausgeführt werden, abhängt. Der Schmerz kann auf der ganzen Seite des Kopfes und Rachens gefühlt werden. Ich hatte verschiedene Male Kranke in Behandlung, die schon bei nicht sehr starken Frictionen ein Ohnmachtsgefühl bekamen. Wenn man die Ausbreitung der sich verzweigenden und verbindenden Aeste dieses Nerven berücksichtigt, so lassen sich diese Wirkungen einigermassen erklären.

### Nackennerven.

Hier, wie schon in der Abbildung von Nerven-Frictionen über das zweite Nackenpaar gezeigt ist (Fig. 35), gebrauchen wir die Fingerspitzen auf einer Seite und das letzte Glied des Daumens auf der anderen. Wir setzen sie auf die Ränder des M. trapezius. Dann machen wir eine lebhafte und rasche Friction zur selben Zeit, wie sich die Fingerspitzen der Spitze des Daumens nähern. Ich habe oft gesehen, oder vielmehr gefühlt, dass Anfänger die Gewohnheit haben, einen gleichmässigen Druck auszuüben oder die Finger in den Nacken zu stossen. Das sollte auf keinen Fall geschehen. Die Hauptursache dieses Irrtums, wie bei so manchen anderen Fällen von falscher Behandlung, liegt in der Steifheit der Finger und Hände. Dies erzeugt nur unnötigen Schmerz, anstatt das Anzeichen der richtigen Behandlung, nämlich das über den ganzen Körper laufende Kältegefühl, hervorzurufen.

Indem wir den Nacken hinuntergehen, muss die Entfernung zwischen den Applicationsstellen der Fingerspitzen und des Daumens etwas grösser werden, da die Frictionen sonst innerhalb der Stellen, wo die sensiblen Nerven freier liegen, gemacht werden und deshalb keine Wirkung hervorbringen.

Wir wenden diese Nerven-Frictionen bei Fieber an. Dabei

ist es dann notwendig, sie mehrere Minuten lang fortzusetzen, wobei die Länge der Zeit natürlich von der Heftigkeit der Krankheit abhängt. Was mich anbetrifft, so richte ich meine Hauptaufmerksamkeit auf die Stellen, wo das zweite Paar der Nackennerven austritt.

## Nerven des Rumpfes.

### Seitliche und vordere Hautäste der Intercostalnerven.

Machen wir Frictionen in etwas schiefer Richtung von oben nach unten über jeden Zwischenrippenraum, etwas mehr nach vorn als eine Längslinie, die in der Mitte zwischen den vorderen und hinteren Falten der Achselgrube gezogen wird, so finden wir *die lateralen Hautäste* der Intercostalnerven.

*Die vorderen Hautäste* der Intercostalnerven, von dem zweiten, dritten und vierten sind besonders gross und senden viele Aeste nach den Brustdrüsen.

Diese vorderen intercostalen Hautäste werden sofort gefunden, wo sie aus den Zwischenrippenräumen nahe am Brustbein heraustreten.

Erregung dieser und der *herabsteigenden Nackennerven*, die über das Schlüsselbein nach unten gehen, ist darum von Bedeutung, weil sie nicht nur die Haut über der Brust, sondern auch die Brustdrüsen versorgen, und daher kommt der Schmerz, der sich bei Entzündung und anderen Erkrankungen dieser Drüsen nach dem Hals und den Armen hinzieht.

### Sensible Rückennerven.

Machen wir Frictionen über den sensiblen Rückennerven, so liegt der Kranke gewöhnlich auf dem Bauche, wie beim Tapotement des Rückens; das letztere machen wir nur selten allein, sondern lassen ihm die erstere Behandlung vorangehen. Die Hände des Behandelnden werden verschieden gehalten, je nach der Stelle, wo sie angesetzt werden. Zwischen den Schultern wird, wie Fig. 38 zeigt, die Rückfläche vom Nagel des Zeigefingers vom Daumen gestützt, gebraucht, da es sonst sehr schwer ist, in dieser Lage eine gute Friction auszuführen. Unter und über diesem Punkte arbeitet man mit der inneren Fläche der letzten Phalanx vom Daumen oder den Fingern.

Die Richtung der Friction ist schief von unten nach auf- oder auswärts, oder auch umgekehrt, wenn z. B. der Kranke auf dem Rücken liegt und Frictionen nach allgemeiner Pétrissage des Unterleibes bekommt. Für die allgemeine Behandlung dieser Nerven werden beide Hände gleichzeitig gebraucht (eine auf jeder Seite), indem man gewöhnlich drei- oder viermal den Rücken auf- und abgeht und hier und da an Stellen, die schmerzhaft sind und folglich besondere Behandlung nötig haben, länger verweilt.

Man soll niemals Frictionen gedankenlos den Rücken auf und ab geben oder sie ohne gehörige Prüfung weglassen. Man bedenke, dass jedes Paar der sensiblen Nerven, da es ja aus der hinteren Hauptabteilung der Rückennerven entspringt, als in Verbindung mit einem eignen Segmente des Rückenmarks angesehen werden kann, wobei wir auch nicht die enge Verbindung zwischen den Rückennerven und den Ganglien des Sympathicus vergessen dürfen. Wenn man Kranke mit Herzfehler oder acutem Lungenleiden behandelt, so findet man, dass die Gegend zwischen den Schultern sehr empfindlich und die Wirkung von fortgesetzten Frictionen äusserst wohlthätig ist. Ich, und mein Bruder vor mir, haben Fälle von Lungenentzündung mit Nerven-Frictionen zwischen den Schultern und Vibrationen am Brustkorb für die Lungen, Nerven-Frictionen im Nacken und über den sensiblen Rückennerven gegen Fieber und Kopfschmerzen, und Pétrissage des Unterleibes für den allgemeinen Kreislauf ohne Hülfe von Medicin behandelt, wobei wir stets die besten Erfolge erzielten. Jeder, der nur etwas Kenntniss von der Behandlung hat, kann sich leicht von der Tatsache überzeugen, dass die sensiblen Nerven auf der Seite der erkrankten Lunge bei Frictionen sehr weh thun, während dieselben auf der anderen Seite wenig schmerzen.

Bei Leber-Erkrankungen finden wir auf der rechten Seite, dem unteren Winkel des Schulterblattes entsprechend, empfindliche Stellen. Man erlaube mir, ein Beispiel von der Wirkung der

Nerven-Erregung an dieser Stelle anzuführen. Dr. med. Eugen Gruber, Linienschiffsarzt der k. k. oesterreichisch-ungarischen Kriegsmarine, behandelte eine Kranke, die an Gallenstein-Kolik litt. Sie hatte schon mehrere Anfälle gehabt, bei denen der Schmerz durch Morphium-Einspritzungen gelindert worden war. Als vor einiger Zeit diese Anfälle wiederkehrten, war die Kranke wie vorher gezwungen, sich zu Bett zu legen. Sie litt sehr und Dr. Gruber verordnete wie gewöhnlich Einspritzungen unter die Haut. Der Schmerz wurde aber nicht geringer, obgleich zwei Einspritzungen gemacht wurden. Da erinnerte er sich an das, was ich ihm gezeigt hatte und versuchte Nerven-Frictionen. Im Rücken, wie vorher beschrieben, fand er leicht einige sehr empfindliche Stellen. Er machte Frictionen darüber, und sie verursachten sofort starkes Erbrechen; der Schmerz war gehoben und die Kranke besser.

Bei Nieren-Erkrankungen müssen wir unsere Aufmerksamkeit auf die unteren Rückennerven lenken. Sind die Geschlechtsorgane, die Blase oder die Gedärme krank, so finden wir die schmerzenden Stellen in der Lenden- und Kreuzbeingegend. Zwei Stellen in der Lendengegend sind besonders bei Frictionen sehr empfindlich, nämlich gerade unter der zwölften Rippe in einem Winkel, den diese und die tieferen Muskeln des Rückens bilden und am unteren Ende des Rückgrats, wo ein Winkel von denselben Muskeln und dem Hüftbeinkamme gebildet wird.

Eine Dame, 27 Jahr alt, verheiratet, ohne Kinder, hatte vom ersten Auftreten an bei jeder Menstruation starke Schmerzen gehabt. Dieselben begannen zwei oder drei Tage vor dem monatlichen Fluss, hörten während dieser Zeit nicht auf und liessen sie mehrere Tage vollständig erschöpft zurück. Während des Anfalls war sie an das Bett gefesselt, konnte sich aber oft nicht hinlegen, sondern musste aufrecht sitzen und hatte nur sehr wenig Schlaf. Der Leib, besonders sein unterer Teil, war gegen Berührung sehr empfindlich. Die Kranke war blutarm, schwach und nervös geworden.

Die besonders angewandte Behandlung bestand in Nerven-Frictionen an den oberen und unteren Teilen der Lendengegend und über dem Kreuzbein, und Vibrationen am Unterleibe. Ausserdem wurden einige allgemeine Bewegungen gemacht.

Die Behandlung dehnte sich über drei Perioden aus; sie fing kurz vor der einen an und hörte ein paar Tage nach der dritten auf.

Ihr Zustand hatte sich schon während der ersten in solchem Grade gebessert, dass sie jeden Tag zu mir kommen konnte. Während der zweiten Periode hatte sie nur einen Anfall von Schmerzen und bei der dritten gar keinen mehr. Ihr allgemeines Befinden hatte sich sehr gebessert.

Sieht man sich die anatomischen Verhältnisse der Nerven an, so findet man die wahrscheinliche Erklärung dieser Erscheinungen. Die Halsganglien des Sympathicus haben Verbindungsäste mit allen cervicalen Spinalnerven, und jedes Ganglion sendet einen Nerv zum Plexus cardiacus. In der Dorsalgegend stehen die sympathischen Ganglien alle mit den entsprechenden Spinalnerven in Verbindung, und die oberen fünf Ganglien schicken Aeste nach den Brusteingeweiden durch die Vermittlung des Herz- und Lungengeflechtes, während sich von den sechsten bis zu den zehnten Rückenganglien Zweige vereinigen, um den Splanchnicus major zu bilden, welcher zu den Semilunar-Ganglien des Plexus solaris geht. Aus dem zehnten und elften Ganglion entsteht der Splanchnicus minor, der sich mit dem Plexus solaris und renalis verbindet, und aus dem zwölften Ganglion kommt der kleinste Splanchnicus, der in den Plexus renalis eintritt.

Dieselben innigen Verbindungen herrschen zwischen dem Sympathicus und den Rückenmarksnerven in der Lenden- und Kreuzbeingegend.

Rückwirkend sollten wir nun im Stande sein, die Organe, die durch die verschiedenen sympathischen Geflechte versorgt werden, zu beeinflussen, sowie auch den Schmerz in den entsprechenden sensiblen Nerven zu heben.

Ueber dem Kreuzbein giebt man die Frictionen in derselben Weise wie auf dem übrigen Teile des Rückens, oder man schliesst die Hand leicht und arbeitet mit den Knöcheln. Bei Erkrankungen der Beckenorgane sollten hier immer die Nerven nach den Erschütterungs- und Vibrationsbewegungen erregt werden.

Man darf bei einer allgemeinen Nerven-Behandlung des Rückens nicht vergessen, dem Hüftbeinkamme zu folgen und Frictionen an der Stelle zu machen, wo die topographische Anatomie uns lehrt, dass die sensiblen Aeste der letzten Dorsalnerven, des Iliohypogastricus und der oberen Lendennerven nach unten verlaufen. Wenn diese Frictionen richtig gemacht werden, also in etwas schiefer Richtung, ist die Wirkung sogleich zu spüren.

## Nerven der unteren Extremität.

### Nervus ischiadicus major.

Dies ist bei weitem der wichtigste Nerv der unteren Gliedmassen. Er tritt, wie bekannt, durch das grosse Foramen ischiadicum unter dem M. gluteus maximus aus, liegt fast in der Mitte zwischen dem grossen Trochanter des Oberschenkelknochens und dem Sitzbeinknorren, und geht gerade an der Hinterseite des Schenkels nach der Kniekehle herunter.

Die Lage des Kranken ist die in Fig. 5 gezeigte Bauchlage, und der Fuss des zu behandelnden Beines wird über dem anderen gekreuzt. So haben wir eine Lage, in welcher wir alle Nerven auf der Rückseite des Gliedes am leichtesten behandeln können, weil alle Muskeln von der Gesässgegend bis in die Wade hinab mehr oder weniger erschlafft sind.

Wünschen wir nur den Nerv in einer allgemeinen Behandlung zu erregen und ist kein besonderer Schmerz vorhanden, so machen wir nur einige rasche Frictionen über den Nerv, indem wir seinem Lauf nach auf- und abwärts folgen. Ich muss hier wiederholen, was ich schon früher gesagt habe, dass man ja nicht eher mit den Frictionen anfangen darf, bis man tief zu dem Nerv gedrungen ist, oder ihn, wie in der Kniekehle, fühlt. Haben wir indess mit einem Patienten zu thun, der an einer Krankheit wie Ischias leidet, so ist es besser, das letzte Glied des Daumens über den Nerv an der Stelle zu setzen, wo er aus dem Becken tritt, und dann dort Vibrationen zu machen. In Fällen von Ischias, die ich in den letzten Jahren behandelt habe, verfuhr ich auf diese Weise, und die Besserung war wirklich bemerkenswert. Um die Wirkung der Vibrationen an und für sich zu prüfen, machte ich im Anfange nur solche. Der Schmerz wurde nicht nur geringer und verschwand beinahe ganz nach der ersten Behandlung, sondern die Besserung hielt auch an, und während die Kranken früher Tag und Nacht von Schmerzen gemartert wurden, konnten sie jetzt Schlaf und Ruhe finden.

Behandelt man aber Kranke, bei denen die Schmerzen nicht beständig sind, und wenn die Behandlung zwischen den Anfällen gegeben wird, dann können Frictionen mit Vorteil gebraucht werden, wie folgender Fall zeigt.

Eine Dame, 61 Jahr alt, seit acht Jahren an deformirender Gelenkentzündung erkrankt und dadurch verkrüppelt, litt seit drei Jahren an heftigen neuralgischen Schmerzen im rechten grossen Sitzbeinnerv. Diese traten immer sehr plötzlich auf, schossen von der Hüfte bis zum Hacken herunter und verursachten krampfhaftes Strecken und Zusammenziehen des Beines und entsetzliche Schmerzen in den zusammengezogenen und entzündeten Muskeln und Gelenken. Die Neuralgie trat regelmässig jeden Abend beim Zubettgehen auf, wie vorsichtig man die Kranke auch bewegte. Oft kamen die Anfälle auch mehrere Male am Tage. Die Dauer derselben war verschieden, manchmal verhältnismässig kurz, manchmal aber mehrere Stunden lang. Man war genötigt, immer Chloroform in Bereitschaft zu halten. Die Dame hatte den besten Rat gesucht und es war ihr nichts übrig geblieben, als (wie ein Arzt, den sie konsultierte, ihr geraten hatte, als er den Schmerzen gegenüber machtlos stand) „zu dulden und zu leiden."

Am 6. März 1893 habe ich sie zum ersten Male sowohl für die Gelenkentzündung, als für die Neuralgie behandelt und der Abend, der darauf folgte, war der erste seit drei Jahren, an dem sie ohne neuralgische Schmerzen und Krampf zu Bett gehen konnte. Seitdem blieben sowohl Schmerz wie Krampf fort.

Von Anfang Juli bis December bekam sie keine Behandlung. In der Zeit hatte sie ein oder zwei Mal das Gefühl gehabt, als ob ein Anfall kommen würde. Ihrer Tochter, der ich gezeigt hatte, wo und wie die Behandlung dagegen gegeben werden sollte, gelang es jedoch, dies zu verhindern.

Die Behandlung war sehr einfach. Die Patientin lag zu Bett auf dem Rücken. Ich gab Frictionen mit der linken Hand über den N. ischiadicus major, auf der Stelle, wo er aus dem Becken heraustritt, und mit der rechten Hand unter der Fusssohle über den N. plantaris. Die Frictionen wurden sehr stark gefühlt.

Am oberen Teile der Kniekehle teilt sich der Nerv in die **inneren** und **äusseren** Kniekehlennerven.

Der innere geht gerade durch die Kniekehle und wird leicht gefühlt, weshalb es nicht schwer ist, ihn mit Frictionen zu behandeln. Beim Hinabtreten in die Wade als **Tibialis posterior** ist er von den grossen Wadenmuskeln bedeckt, und wir müssen darauf achten, dass diese sich mit unseren Fingern bewegen. Hinter dem inneren Knöchel liegt er mit der Arterie zusammen, ganz an der Oberfläche, zwischen den Sehnen des Flexor longus digitorum und des Flexor longus hallucis. Frictionen über den Nerv an dieser Stelle verursachen dasselbe prickelnde Gefühl, als wenn man sich an den Ulnaris am Ellbogen stösst. Wird der Fuss etwas gestreckt und nach einwärts gedreht, so kann man den Nerv bis zu seiner Teilung in Plantaris **externus** und **internus** verfolgen, wo starke Frictionen einen ausgesprochenen Schmerz hervorrufen.

Der **N. saphenus externus** liegt an der Oberfläche in der Mittellinie der Wade. Da er ein sensibler Nerv ist, gehen wir von unten nach oben, indem wir Vibrationen machen.

Der **Popliteus** externus wird am leichtesten hinter dem Köpfchen des Wadenbeins getroffen und Frictionen an der Stelle verursachen oft ein prickelndes Gefühl im Fusse.

### Nervus cruralis anterior.

Diesen Nerv können wir leicht in Scarpa's Dreieck finden und Frictionen darüber machen. Nach abwärts und gegen die innere Seite des Schenkels und Knies gehend, kommen wir nach dem **Saphenus internus**, der ein rein sensibler Nerv ist und daher wirksamer durch Vibrationen in der centripetalen Richtung behandelt wird.

### Nervus cutaneus externus.

Neuralgische Schmerzen in diesem Aste des Lendengeflechtes kommen manchmal vor. Wir finden den Nerv ungefähr einen Zoll unter der Spina ilei superior anterior.

### Nervus obturatorius.

Um auf diesen Nerv einzuwirken, müssen wir den Schenkel beugen und etwas adducieren. Er tritt am oberen Rande des Foramen thyroideum aus, und an der Stelle müssen wir ihn zu treffen suchen.

### Sensible Nerven am Fusse.

Den äusseren Saphenus können wir leicht bei seinem Vortreten unter dem äusseren Knöchel verfolgen, wo er ungefähr 1½ cm. oder mehr über den Aussenrand des Fusses verläuft.

Die anderen sensiblen Nerven auf dem Fussrücken kommen aus dem äusseren Cutaneus und dem Ende des Tibialis anterior, wobei der letztere zwischen dem ersten und zweiten Zehen austritt. Wir können diese Nerven einfach dadurch erregen, dass wir rasch mit der Rückseite des Nagels in querer Richtung darüber fahren.

## Nerven der oberen Extremitäten.

Wir treffen alle Zweige des Armgeflechtes entweder gerade über dem Schlüsselbein an der Basis des hinteren Halsdreiecks, wo wir Frictionen von vor- nach rückwärts machen, oder wir abducieren den Arm etwas, bringen die Finger hoch oben in die Achselhöhle und behandeln die Nerven da.

### Nervus circumflexus.

Der Nerv geht durch den vierseitigen Raum, der von den beiden Teres mit dem Oberarmbein und dem langen Köpfchen des Triceps gebildet wird, und indem er unter dem Deltoideus verschwindet, kommt er um den Hals des Oberarmbeines herum. Der Arm wird leicht abduciert. Wir fühlen nach dem Kopf des Oberarmbeins in der Achselhöhle und vergewissern uns der genauen Lage des Halses des Knochens. Die Stellung der Finger wird in Fig. 38 gezeigt, und die Frictionen werden von oben nach abwärts über den anatomischen Hals des Knochens gemacht, wobei man hier wie überall dieselben Vorsichtsmassregeln gebraucht, was die dazwischen liegenden Gewebe anbetrifft.

### Nervus medianus.

Ich habe schon beschrieben, wie dieser Nerv gefunden wird. (Seite 53.) Wir können ihn leicht in seinem ganzen Verlaufe am Oberarm verfolgen; aber indem wir versuchen, ihn unter dem Ellbogengelenke zu erreichen, müssen wir den Arm etwas beugen, da die starke Fascie vor dem Ellbogen uns hindert, tief

Fig. 42.

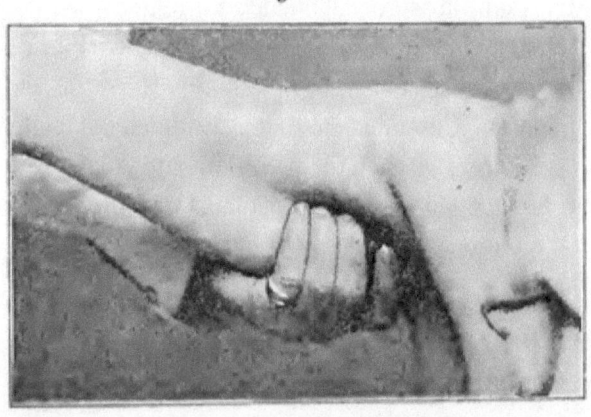

einzudringen. Er liegt an der inneren Seite des Biceps, durch die Arterie von diesem getrennt. Die Fingerspitzen werden gerade an der Innenseite der Sehne angelegt und die Friction von aussen nach innen gemacht.

### Nervus musculo-spiralis.

Dieser Nerv ist an seiner Austrittsstelle unter dem äusseren Kopfe des Musculus triceps und in seinem Verlaufe nach unten

# NERV-VIBRATIONEN.

zwischen dem Brachialis anticus und dem Supinator longus zu finden (Fig. 43).

Es ist zuerst nötig, den Arm zu abducieren und dann den Vorder- etwas gegen den Oberarm zu beugen, weil wir sonst,

Fig 43.

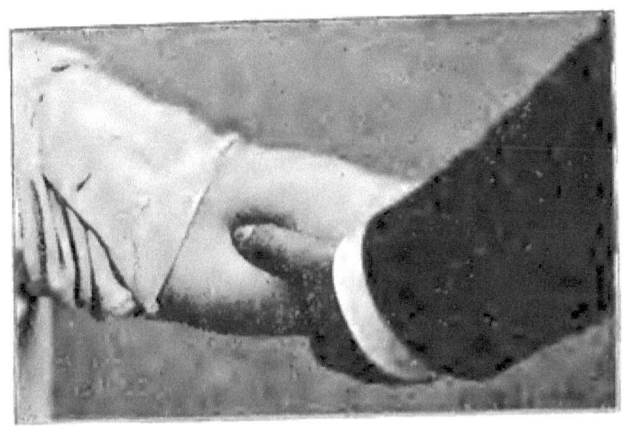

wenn der Kranke musculös ist, den Nerv nicht finden können. Die Frictionen werden am besten mit dem letzten Daumengliede gemacht.

Das prickelnde Gefühl, das der Kranke im Daumen und sogar auf dem Handrücken verspürt, zeugt von einer richtig ausgeführten Friction.

### Nervus radialis.

Man kann auf diesen Ast, die sensible Fortsetzung des Nervus musculo-spiralis, gerade unter dem Ellbogengelenk einwirken. Der Arm wird gebeugt, um den Musculus supinator longus zu erschlaffen. Das Nagelglied des Daumens wird am inneren Rande jenes Muskels aufgesetzt, und etwas darunter eingeschoben (Fig. 44). Bei rascher Pronation des Vorderarms machen wir gleichzeitig die Friction mit dem Daumen in der Richtung nach auswärts. Auf diese Weise erreicht man den Nerv unter dem Muskel.

### Nervus interosseus posterior des Musculo-spiralis.

Erst müssen wir den Kopf des Radius finden. Ungefähr einen Zoll tiefer nach unten und zwischen dem Radius und der

Fig. 44.

Ulna verursacht Friction oder Druck deutlich heftigen Schmerz, der bis in das Handgelenk gefühlt wird.

**Nervus ulnaris.**

Wir fühlen diesen Nerv an der Stelle, wo er in der Furche hinter dem inneren Condylus des Oberarmbeines liegt.

Fig. 45.

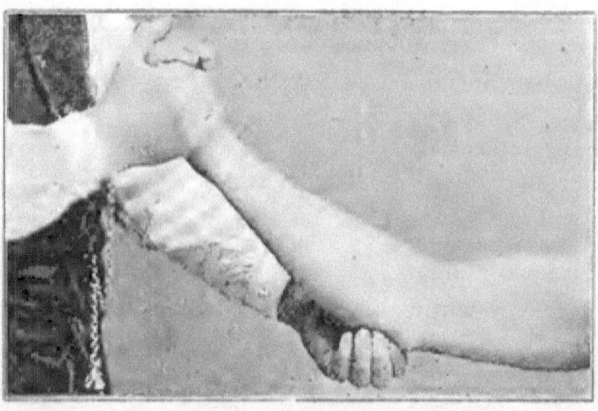

Die hohe knochige Umrandung hier verhindert einigermassen die Ausführung einer guten Friction. Daher mache ich sie immer gerade darunter, wo der Nerv ganz frei liegt (Fig. 45).

In diesem Falle ist es auch besser, den Arm etwas zu beugen. Das Prickeln in dem kleinen und dem Ringfinger entspricht in diesem wie in den anderen Nerven des Armes genau der Ausbreitung desselben.

In der Hand treffen wir noch einmal den Nervus medianus. Er tritt gerade unterhalb des unteren Randes des Lig. annulare anterius aus, wo er sich in die Fingeräste teilt und fünf Muskelzweige abgiebt. Die Hand des Kranken muss gebeugt werden. Fig. 46 zeigt, wie Friction oder Druck angewandt wird. Beide werden sehr stark gefühlt.

Fig. 46.

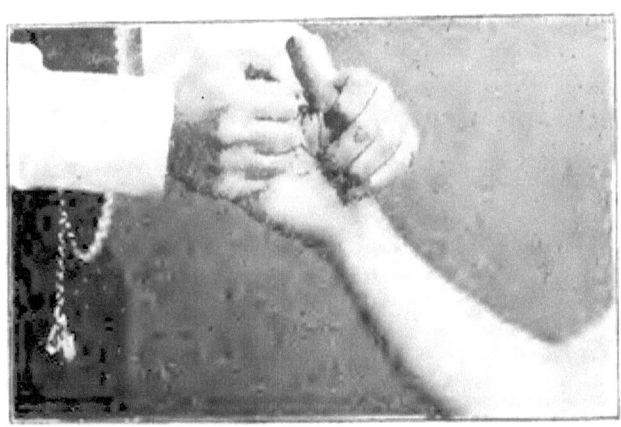

## Passives Strecken der Muskeln.

Die passive Streckung wird bis zur natürlichen Grenze des Muskels ausgeführt und ist eine vorübergehende, keine fortdauernde. Das Strecken verursacht Zusammenpressen der Blutgefässe, während die Nerven und Muskeln direct erregt werden. Nach Vollendung der Bewegung tritt ein stärkerer Blutzufluss ein, und in Folge davon rascherer Stoffwechsel. Schon seit langer Zeit ist bekannt, dass, wenn ein Muskel innerhalb gewisser Grenzen und nicht zu lange gestreckt wird, seine Empfindlichkeit gegen andere mechanische Erregungen zunimmt, und er sich mit grösserer Kraft zusammenzieht. Werden Ling's Uebungen vorgenommen, so lässt man gewöhnlich einer activen Bewegung eine passive Streckung vorhergehen und hält diese Streckung während der ganzen Bewegung aufrecht. Wenn man sie anwendet, so findet man oft, dass scheinbar kraftlose Muskeln fähig sind, gegen leichten Widerstand zu reagieren, manchmal gleich oder schon nach kurzer Behandlung.

Diese passive Streckung bildet den Uebergang zwischen passiven und activen Bewegungen, und beim Beginn der Behandlung ersetzt sie in manchen Fällen die letzteren, bis die Kraft in die kranken Muskeln zurückzukehren anfängt.

Der Ausdruck, „die Streckung während der Bewegung aufrecht zu erhalten," mag im ersten Augenblick etwas merkwürdig erscheinen, und daher will ich versuchen, ihn zu erklären.

Nehmen wir z. B. die Bewegungen der Adduction und Abduction des Oberarms, wobei der Kranke während des ersteren Widerstand leistet, der Behandelnde während des letzteren. Das Schultergelenk ist der Mittelpunkt, um welchen die Bewegung stattfindet, der Oberarm ist der Radius mit dem Ellbogen als Endpunkt. (Man denke sich den Vorderarm gegen den Oberarm gebeugt.) Der Arzt, der hinter dem Kranken steht, fasst den Ellbogen, drückt ihn nieder und streckt ihn zugleich nach auswärts. Um dies thun zu können, hält er natürlich seinen eigenen Arm nicht in einem rechten Winkel mit dem des Kranken, sondern mehr in derselben Linie damit. Beginnt jetzt die Abduction, so ändert er nicht die respectiven Stellungen der Arme zu einander, oder wenigstens nur sehr wenig und leistet den Widerstand nicht in einem rechten Winkel, sondern in einem kleineren. Je kleiner der Winkel, desto stärker ist die Streckung während der Bewegung und desto mehr werden die Muskeln zum Zusammenziehen angeregt.

Noch ein anderer, und zwar wichtiger Grund ist vorhanden, warum wir es uns zur Regel machen sollen, passive Streckung bei sowohl passiven als activen Bewegungen unter Widerstand auszuführen, wenn das Gelenk im geringsten erkrankt ist. Thun wir das, so entfernen wir die Flächen von einander, die Reibung wird vermindert, und die Bewegung, die unter gewöhnlichen Umständen bedeutenden Schmerz verursachen würde, kann ohne irgend welchen und zwar in grösserer Ausdehnung und ohne Reizung ausgeführt werden.

## Einige andere passive Bewegungen.

Diese Bewegungen sind: Rollen (Kreisbewegung, Rotation), Streckung, Beugung in verschiedenen Gelenken u. s. w. Sie werden besonders angewandt, um Steifheit der Gelenke zu vermindern, Verwachsungen in denselben zu zerreissen u. s. w.; aber es ist ausserdem klar, dass sie auch mehr oder weniger auf den Kreislauf wirken nicht nur durch die Stellung des Körperteiles, der bewegt wird, sondern auch durch den intermittenten Druck auf die Venen, die Lymph- und Capillargefässe, welcher von abwechselnder Streckung und Erschlaffung der Muskeln verursacht wird. Nehmen wir z. B. das Rollen des Beines (Fig. 52). Wenn wir diese Bewegung langsam ausführen, wird das Blut dem Herzen allmälig zugepumpt, aber so wie die Schnelligkeit der Bewegung zunimmt, wird auch der Blutstrom schneller, die Muskeln werden stärker erregt, ein grösserer Stoffwechsel hervorgerufen, und wir haben eine Wirkung, die fast ebenso stark ist, als wenn eine active Bewegung gemacht würde.

Wenn Schmerz im Gelenk vorhanden ist, oder der Patient an Herzkrankheit leidet, so ist natürlich keine schnelle Bewegung erlaubt. Es ist notwendig, das Gelenk, in dem die Bewegung stattfindet, recht in Gewalt zu haben. Dies wird bewirkt entweder durch die Stellung, die der Kranke einnimmt, oder durch die Hände des Arztes. Wird nicht darauf geachtet, so kann die Bewegung nicht gut ausgeführt und reguliert werden; sie wird unsicher und kann schaden.

Da die Lagerung des Kranken und die Haltung der Hände des Behandelnden dieselben oder fast dieselben bei den passiven wie bei den activen Streckungen und Beugungen unter Widerstand sind, mit Ausnahme derer für den Kopf, so werde ich sie zusammen mit diesen Uebungen beschreiben und werde mich hier auf einige Kreis- und allgemeine Kopfbewegungen beschränken.

### Rollen des Kopfes.

Der Kranke sitzt aufrecht und der Behandelnde steht neben ihm. Eine Hand wird auf die Stirn, die andere unter das Hinterhaupt gelegt, und auf dieser ruht der Kopf. Diese Hand wird fast unbeweglich gehalten, während die erste die Bewegung ausführt. (Fig. 47.) Man muss den Kopf des Patienten gut heben und den Hals strecken, ehe man die Bewegung anfängt.

Fig. 47.

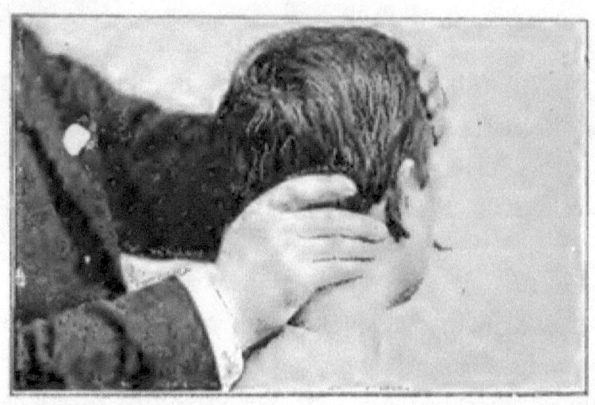

Bei der Rotation dient das Occipitoatlantoidgelenk als Mittelpunkt und die Stirn bewegt sich in der Peripherie. Die Bewegung kann fast gänzlich auf das obige Gelenk beschränkt werden, oder man schliesst einige Intervertebralgelenke des Genicks mit ein.

Die Wirkung dieser Bewegung wechselt je nach der Grösse des Kreises, welchen die Stirn beschreibt. Wenn derselbe klein und der Hals gut gestreckt ist, werden die Venen verlängert und das Blut schneller vom Kopfe gezogen, aber sowie sich der Kreis vergrössert, verursachen die Muskeln, welche die V. jugularis interna kreuzen, und die Fascia cervicalis Druck, wenn der Kopf nach rückwärts geführt wird. In demselben Maasse, wie der Umfang der Bewegung zunimmt, wird dieser Druck grösser und verhindert das Blut vom Kopfe zu fliessen.

Die Bewegung muss daher je nach unserem Wunsche, das Blut im Gehirn zu vermehren, oder zu verringern, reguliert werden.

## Drehen des Kopfes von einer Seite nach der anderen und Vorwärtsbeugen desselben.

Die Hände haben ziemlich dieselbe Stellung wie beim Rollen des Kopfes (Fig. 48). Während der seitlichen Bewegungen sind beide Hände gleich thätig, während beim Vorwärtsbeugen die hintere Hand hauptsächlich gebraucht wird.

Fig. 48.

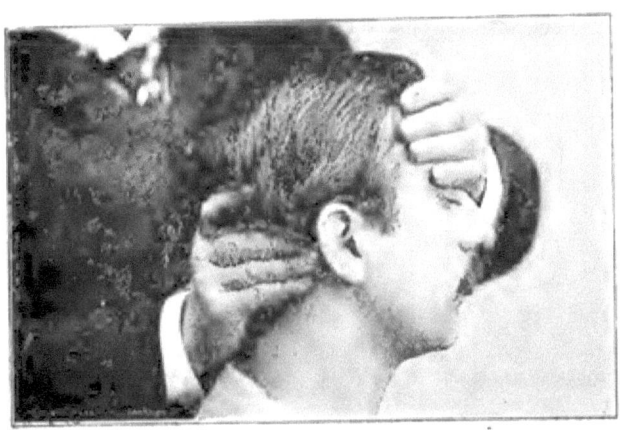

Um den Ablauf des Blutes vom Gehirn zu beschleunigen, wird der Kopf, wie beim Rollen, vor dem Anfange dieser Bewegungen gut in die Höhe gehalten und der Hals gestreckt, leichte Vibrationen werden während derselben mit der Hand auf der Stirn gegeben.

Ehe man den Kopf nach vorwärts biegt, muss er ein wenig nach rückwärts geneigt werden, das Strecken des Halses und das Neigen des Kopfes nach rückwärts verursachen, wie schon gesagt, eine Verlängerung der Venen, wodurch dieselben mehr Blut einsaugen. Die Bewegungen erfüllen ihren Zweck, d. i. direkt auf den venösen Kreislauf einzuwirken. Sie werden ebenfalls bei steifem Genick, z. B. von Rheumatismus, angewandt. In diesem Fall muss die obige Vorsicht, den Hals zu strecken, beobachtet werden, aber diesmal aus einem ganz anderen Grunde, d. h. weil es immer notwendig ist, wenn man ein Gelenk bewegt, die beiden gegenüberliegenden Flächen auseinander zu halten, um in demselben freiere Bewegung zu bekommen und den Schmerz soviel als möglich zu verringern.

## PASSIVE BEWEGUNGEN.

Je nachdem es der Fall erfordert, gehen Pétrissage oder Nerven-Vibrationen diesen Bewegungen voraus.

### Kreisbewegung im Schultergelenk.

Der Kranke sitzt aufrecht, während der Behandelnde hinter ihm steht. Ist das Gelenk irgendwie krank, so muss der Rücken vollständig gestützt werden.

Fig. 49.

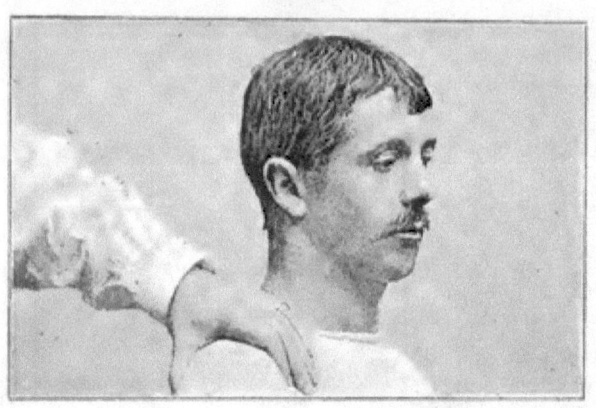

Eine Hand wird auf die Schulter, die andere unter den Ellbogen gelegt, wie Fig. 49 und 50 zeigen.

Die auf die Schulter gelegte Hand dient als Stütze, und so können wir z. B. unmittelbar nach einer wieder eingerichteten

Fig. 50.

## KREISBEWEGUNG IM HUFTGELENK.

Verrenkung diese Uebung vornehmen, ohne irgend welche Gefahr zu laufen, dass der Gelenkkopf wieder aus seiner Pfanne tritt. Auch dann, wenn der Knochen eingerenkt werden soll, drücken wir die Finger oder den Daumen auf den Kopf desselben und leiten ihn auf seinem Wege.

Die Bewegung kann einen Teil der allgemeinen Behandlung ausmachen. Der Kranke sitzt dann frei auf einem niedrigen Schemel. Der Arzt setzt ein Knie zwischen die Schultern, um die Brust heraus zu drücken und verursacht so grössere Ausdehnung derselben und tieferes Atmen während der Bewegung.

Man fasst die Hände des Kranken wie in Fig. 63, und führt die Ellbogen während solcher Kreisbewegung (Rotation) weit nach rückwärts. Beide Arme werden zu gleicher Zeit gerollt.

### Kreisbewegung im Handgelenk.

Man steht vor dem Kranken und erfasst mit einer Hand dessen Vorderarm gerade oberhalb des Handgelenkes, mit der anderen seine Hand, wie Fig. 51 zeigt, wo auch die starke Streckung vor dem Beginn der Bewegung deutlich zu sehen ist.

Hand, welche das Kniegelenk stützt, wird auf das Knie gelegt etwas nach der Aussenseite zu (Fig. 52).

Die Hand auf dem Fusse führt die Bewegung aus, während die andere leitet. Will man auf das Hüftgelenk allein wirken,

Fig. 52.

so braucht die Bewegung keinen solch grossen Umfang zu haben, aber wollen wir das Kniegelenk mit beeinflussen oder machen wir sie für das Bein im allgemeinen, so muss eine vollständige Streckung im Kniegelenke zwischen jeder einzelnen Kreisbewegung ausgeführt werden.

### Kreisbewegung im Knöchelgelenk.

Das Bein des Kranken wird so über das Knie des Behandelnden gelagert, dass das Knöchelgelenk gerade darüber ruht. Fasst man jetzt die Knöchel mit einer Hand, so hat man natürlich das Gelenk vollständig in seiner Gewalt. Die zweite Hand, die wie in Fig. 53 auf dem Fusse liegt, führt das Rollen aus.

Fig. 54 zeigt, wie die Finger aufliegen, wenn passive Bewegungen in dem *Metacarpo-phalangeal-Gelenke* gemacht werden. Wenn man den Zeigefinger an der Spitze statt an der ersten Phalanx fasst, so hat man zwei dazwischen liegende Gelenke nicht in Gewalt, wodurch eine Unsicherheit der Bewegung und folglich ein grosser Nachteil entstehen würde.

Wie oft alle diese passiven Bewegungen ausgeführt werden

KREISBEWEGUNG IM KNOCHELGELENK.  93

müssen, hängt von der Stelle ab, wo man sie macht, und von dem
Zustande der Gelenke selbst. Natürlich kann man den Kopf nicht

Fig. 53.

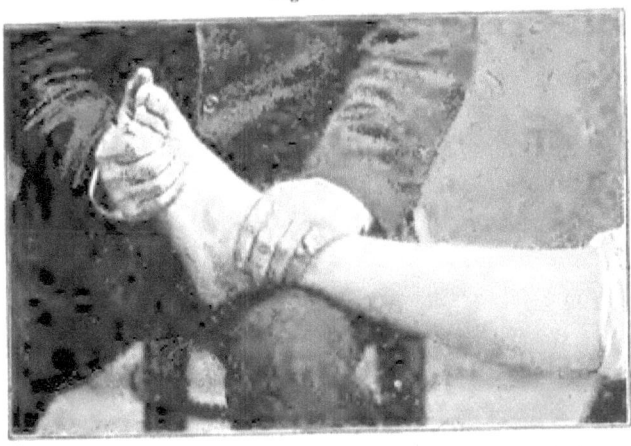

so oft wie einen Arm oder ein Bein rollen, und wiederum diese
nicht so viel bei acuten wie bei chronischen Leiden, oder wenn
das Rollen nur einen Teil der allgemeinen Behandlung ausmacht.

Fig. 54.

Wann wir auch diese Uebungen der Kreisbewegung, der
Streckung oder Beugung machen, so müssen wir immer jede
einzelne Bewegung bis zur äussersten Grenze ausführen, ausgenommen die des Kopfes, wo z. B. das Rollen bei Blutlosig-
keit im Gehirn in einem grösseren Umkreise als bei Blutandrang
gemacht wird.

## II. Active Bewegungen.

Wenn sich ein Muskel zusammenzieht, so werden die Venen und Lymphgefässe notwendiger Weise zusammengedrückt und mehr oder weniger geleert; kaum aber erschlafft ein Muskel, so dringt ein vermehrter Zufluss von sauerstoffreichem Blute zu ihm; die Folge davon ist eine grössere Ernährung und vermehrtes Wachstum der bestehenden Muskelfasern. Wird die Zusammenziehung mehrere Male nacheinander wiederholt, wobei man natürlich sorgfältig die physiologische Grenze innehalten muss, damit der Muskel nicht erschöpft wird, so findet eine Entwickelung neuer Muskelfasern statt.

In Folge dieser beiden Vorgänge wird der Muskel kräftiger und fähig, mehr Arbeit zu verrichten

Alle activen Bewegungen wirken auf den Aufbau und die Kräftigung der Gewebe.

Aber ausser der örtlichen Wirkung haben sie gleichzeitig einen allgemeinen Einfluss.

Da wir eine gewisse Menge Blut im Körper haben, so muss selbstverständlich dann, wenn ein vermehrter Zufluss an einer Stelle stattfindet, eine entsprechende Blutverminderung in anderen Teilen des Körpers sich ergeben. Zu diesem Zwecke wenden wir auch die activen Bewegungen an. Wie schon erwähnt, bestehen die activen Bewegungen aus:

1. FREIEN, d. h. Bewegungen, die von dem Kranken ohne Beihülfe gemacht werden;

## ACTIVE BEWEGUNGEN.

2. GEBUNDENEN, d. h. Bewegungen, bei denen die Isolation und Fixierung durch Geräte oder durch Widerstandsleistung bewirkt werden.

Diejenigen, die man unter Widerstand macht, werden wieder eingeteilt in:

a) Solche, bei denen der Arzt,
b) Solche, bei denen der Kranke Widerstand leistet.

Es ist notwendig, dass der Kranke vor Anfang jeder Bewegung die richtige Stellung einnimmt. Damit meine ich nicht nur eine Stellung, in welcher die Uebung am besten ausgeführt werden kann, sondern auch eine solche, bei welcher die Brust frei ist und tiefe und regelmässige Atmung befördert wird. Bei den Bewegungen z. B. mit den Armen (Fig. 63 und 64) muss die Atmung so reguliert werden, dass tiefe Einatmung gemacht wird, wenn die Arme von der Brust entfernt, und Ausatmung, wenn sie ihr wieder genähert werden, weil im ersten Fall die Brust sich erweitert und im letzten ihre Ausdehnung vermindert wird.

Gleichzeitig mit dem beschleunigten Kreislauf wird eine grössere Menge von Blut, das mehr Kohlensäure mit sich führt, nach den Lungen gesandt, das Bedürfnis nach Sauerstoff wird dadurch vermehrt und macht so stärkere und tiefere Atemzüge notwendig. Eine richtige Stellung ist daher von fast ebenso grosser Wichtigkeit wie die Bewegung selbst.

Jede active Uebung muss langsam gemacht oder gegeben werden mit Ausnahme derjenigen, durch welche wir, gerade wegen ihrer Schnelligkeit, beabsichtigen, den Kreislauf zu beeinflussen.

Nach Beendigung einer Bewegung, z. B. der Streckung der Arme, bleibt der Kranke noch ein paar Sekunden lang in derselben Stellung, damit die grossmöglichste Wirkung erzeugt werden kann.

Wir müssen auch in Erwägung ziehen, dass die Muskelkraft am stärksten in der Mitte, am geringsten beim Anfang und Ende der Bewegung ist, und daher muss der Widerstand allmälig zu- und abnehmen, je nach Verhältnis der Zu- und Abnahme der Muskelkraft.

# ACTIVE BEWEGUNGEN.

Bei den freien activen Bewegungen sind die Muskeln gar nicht oder nur wenig isoliert, aber bei den gebundenen können wir sie nach unserer Willkür localisieren.

Die activen Bewegungen werden gewöhnlich drei- oder viermal wiederholt.

Ich gehe jetzt zu der Beschreibung einiger dieser Uebungen über.

## Freie Bewegungen.

### Vorwärtsbeugen und Aufrichten des Rumpfes mit nach oben ausgestreckten Armen (Fig. 55).

Entweder steht der Kranke mit den Füssen zusammen, oder er hält sie, wie in der Abbildung, zwei Fusslängen von einander

Fig. 55.

entfernt, um eine breitere Basis und damit grössere Sicherheit in der Bewegung zu erlangen. Die Arme werden gerade nach aufwärts gestreckt, wobei die Entfernung zwischen den Händen dem Querdurchmesser der Brust entspricht.

## FREIE BEWEGUNGEN.

Ehe die Bewegung beginnt, streckt sich der Kranke so viel als möglich in die Höhe und beugt sich dann langsam nach vorn. Dabei darf der Rücken nicht gerade gehalten werden, weil dann alle Segmente der Wirbelsäule unbeweglich werden und die Bewegung von Anfang an nur im Hüftgelenke stattfindet, und wir, so zu sagen, ein Vorwärtsfallen des Rumpfes haben würden. Die Uebung muss im Gegenteil am oberen Teile der Wirbelsäule anfangen und allmälig von Wirbel zu Wirbel abwärts gehen. Beim Aufrichten des Rumpfes hingegen beginnt die Bewegung am unteren Teile des Rückens und geht allmälig nach oben. Auf diese Weise werden sämtliche Muskelzungen der tiefen Rückenmuskeln in volle Thätigkeit gebracht und wirken gleich ebenso vielen elastischen Bändern, welche das Gewicht — den Kopf und die Arme — oben und ihren festen Punkt, von welchem sie ihre Arbeit ausführen, unten habend, nicht nur das Rückgrat gerade halten, sondern bei einer seitlichen Verkrümmung darauf hinarbeiten, die vorhandene Rotation der Wirbel zu vermindern. In einem solchen Falle muss man sehr genau darauf achten, dass der Kranke die Bewegung so nahe als möglich in der Mittellinie ausführt, damit die verlängerten und geschwächten Muskelteile in grössere Wirksamkeit kommen.

Beim Aufrichten hält der Kranke bei der aufrechten Stellung nicht an, sondern biegt sich ein wenig nach rückwärts, teilweise um tiefer Atem zu holen, teilweise um die Bauchmuskeln zu üben, und so Ausgleichung zwischen den Antagonisten zu bewirken.

Eine sehr einfache, aber nichtsdestoweniger wirksame Atembewegung ist folgende: Der Kranke steht vollständig aufrecht mit an den Seiten herabhängenden Armen. Er bringt sie dann langsam vorwärts und nach oben, immer die gehörige Entfernung zwischen den Händen beibehaltend, und wenn sie die senkrechte Lage erreicht haben, so zieht er sie durch kräftiges Mitwirken der Schultermuskeln zurück. Langsam wie sie erhoben wurden, werden sie nun nach aus- und abwärts gesenkt. Indem die Arme von der Seite erhoben werden, erweitert sich der Brustkorb immer mehr und mehr. Bis die Bewegung ihren Höhepunkt erreicht, muss der Kranke tief einatmen und nachher allmälig ausatmen. Wenn diese Uebung gut ausgeführt wird, strengt sie die Schultermuskeln bedeutend an. Sie ist daher für diejenigen angezeigt, deren Schultern eine Neigung haben, nach vorwärts zu fallen, wie auch für chronische Lungenleiden.

## Gebundene Bewegungen.

### A. Mit Hülfe von Geräten.

#### Rückwärtsbeugen des oberen Teiles des Rückens.

Der Kranke steht in etwas geringerer Entfernung von der Wand ab, als seine eigene Fusslänge beträgt. Die Hände werden auf die Hüften gelegt und die Ellbogen gut zurückgezogen,

Fig. 56.

Dann streckt er sich und beugt sich nach rückwärts. Wenn er sich nicht weiter zurückbiegen kann, fällt er so weit zurück, dass sein Hinterkopf die Wand, an welcher er steht, berührt

(Fig. 56). Jetzt erhebt er sich langsam auf den Zehen, wobei er tief einatmet, und senkt sich wieder langsam herunter.

Die Bewegung findet gar nicht in der Lendengegend statt, sondern weiter oben zwischen den Schultern. Wir haben es mit beweglichen Ringen zu thun, von denen ein jeder aus einem Wirbel und einem Rippenpaar besteht. Da nun die Dornfortsätze durch das Rückwärtsbeugen, gering wie es auch ist, einander genähert werden, so müssen die vorderen Abschnitte der Ringe sich weiter von einander entfernen und die Zwischenräume erweitern. Die Brust wird bedeutend ausgedehnt, weshalb dies eine höchst wirksame Atemübung ist.

### Strecken und Beugen des Knies.

Der Kranke stellt einen Fuss gegen einen Stuhlsitz, während er sich mit den Händen an der Lehne desselben hält (Fig. 57).

Fig. 57.

Die richtigere Stellung ist jedoch die aufrechte, mit den Armen gerade nach vorn gestreckt, wobei die Hände irgend einen in Schulterhöhe befindlichen festen Gegenstand erfassen. Wie wir sehen, kann diese Stellung für Tapotement des Dammes, der Kreuzbein- und Gesässgegend benutzt werden. Wenn der Behandelnde dieses Tapotement macht, so steht er an der dem erhobenen Beine entgegengesetzten Seite. Daher würde er in einem Falle, wie er in Fig. 57 dargestellt ist, sich an die linke Seite stellen.

Ist das Kniegelenk steif, muss er an derselben Seite stehen, an welcher das kranke Bein ist. Der Patient muss das Bein, so viel es ihm nur möglich ist, ausstrecken, und hat er die äusserste Grenze erreicht, verursacht man eine noch grössere Streckung im Kniegelenk dadurch, dass man die eine Hand darauf und die andere unter das Gesäss legt und durch Rückwärtsziehen mit der letzteren die Muskeln auf der hinteren Seite des Oberschenkels passiv streckt, wobei gleichzeitig die Hand auf dem Knie dasselbe niederdrückt. Ich habe oft durch diese Behandlung ein Knie vollständig gerade strecken sehen, wenn der Kranke selbst wegen der Steifheit der Muskeln ganz unfähig war, diese Bewegung zu bewerkstelligen.

Der Kranke hält es eine Zeit lang gestreckt. Dann beugt er es, bis Schenkel und Knie wenigstens einen rechten Winkel zu einander bilden und vollständige Erschlaffung der Muskeln hervorgerufen wird. Natürlich muss er manchmal mit dem Fusse ganz unten auf dem Boden beginnen und, wenn er in der Besserung fortschreitet, bringt er ihn allmälig höher, bis er das Knie mit dem Fusse auf derselben Höhe wie das Hüftgelenk gerade strecken kann.

Der Einfluss auf die Muskeln, Blutgefässe und Nerven an der hinteren Fläche des Ober- und Unterschenkels — besonders des ersteren — ist sehr gross. Die Wirkung der Bewegung, besonders auf die Wadenmuskeln wird bei schon gestrecktem Knie durch Niederdrücken der Ferse noch mehr erhöht.

Das Bein, auf dem der Kranke steht, muss vollständig gerade gehalten werden, da sonst viel von der Wirkung der Uebung in dem arbeitenden Beine verloren geht.

Diese Bewegung wird besonders bei Zusammenziehung der Bein- und Wadenmuskeln, bei Steifheit und anderen Krankheiten des Kniegelenkes und bei Ischias angewandt.

## Streckung der Wadenmuskeln.

Stehen wir mit den Beinen ganz gerade und machen eine starke Dorsalflexion des Fusses, so werden die Wadenmuskeln gestreckt, und die Bewegung setzt fort, bis sie teilweise durch das Einkeilen des Sprungbeines zwischen die Knöchel, und teilweise dadurch, dass die Grenze der Dehnungsfähigkeit der Waden-

Fig. 58.

muskeln erreicht ist, angehalten wird. Wir können die Intensität dadurch verstärken, dass wir den Fuss z. B. gegen eine Wand oder gegen einen anderen Gegenstand in einem Winkel von 45 Grad stemmen und dann mit geradem Knie den ganzen Körper vorwärts bewegen (Fig. 58). Diese Streckung wird in den Wadenmuskeln stark gefühlt. Ist das Knie gebeugt, so geht die Wirkung durch die Annäherung der Ansatzpunkte der Muskeln verloren.

Die Bewegung wird meist bei Muskel- und Nervenerregung, aber auch bei Steifheit des Knöchelgelenkes angewandt.

### Erhebung der Beine oder des Rumpfes in der Rückenlage.
(Fig. 59, 60.)

Hier werden zwei Bewegungen gezeigt, bei denen der M. M. psoas und iliacus die wichtigste Rolle übernehmen, aber bei welchen auch die Muskeln der unteren Glieder arbeiten, nur ist der Stützpunkt verlegt. Die erste Stellung für den Kranken ist die gerade Rückenlage. In Fig. 59 werden die Beine bis zu einem rechten Winkel oder noch mehr erhoben. In Fig. 60 er-

Fig. 59.

hebt sich der Kranke allmälig bis zur sitzenden Stellung. Bei der in Fig. 59 abgebildeten Uebung stützen wir manchmal den Kranken, indem wir die Hände auf seine Ellbogen oder Schultern legen, während beim Erheben des Rumpfes die Hände seine Knöchel umfassen. In beiden Uebungen isolieren wir den M. M. psoas und iliacus durch tiefe abdominale Atmung.

Die Muskeln der unteren Gliedmassen sind mehr oder weniger in Tätigkeit, um Knie- und Knöchelgelenk zu fixieren, damit die M. psoas und iliacus einen unbeweglichen Stützpunkt bekommen, von denen ihre Arbeit ausgeht. Hierdurch wird das Blut aus den unteren Extremitäten herausgetrieben und die Blutgefässe in der Bauchhöhle werden voller. Wenn jetzt, wie so oft geschieht, der Kranke den Atem anhält, so geht das Blut nicht ordentlich durch die Lungen. Da die Bauchmuskeln noch einen weiteren Druck ausüben, wird die rechte Seite des Herzens mit venösem Blute überfüllt, und wir haben auch in den Blutgefässen des Kopfes und Halses einen Druck nach rückwärts. Dem Kranken darf daher nicht erlaubt werden, den Atem während dieser Bewegungen anzuhalten.

Die Bewegungen werden sehr langsam gemacht und in beiden lassen wir den Kranke in verschiedenen Stellungen während der Ausführung anhalten. Dies vermehrt die Muskelarbeit bedeutend. Wir können bei der in Fig. 60 gezeigten Bewegung,

Fig. 60.

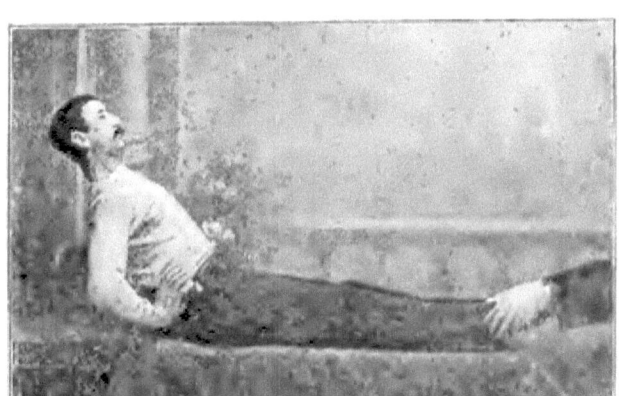

indem wir den Patienten die Hände im Nacken falten, oder die Arme gerade nach oben strecken lassen, die Arbeit noch vermehren. Fangen die Kranken an, durch die Uebung zu ermüden, haben sie die Gewohnheit, die Schultern nach vorn zu ziehen, und so die Brust zusammen zu drücken. Das sollte auf keinen Fall gestattet werden.

Diese Uebungen beeinflussen die Organe der Bauchhöhle. Sie werden auch bei rheumatischen Schmerzen und Schwächen in der Lendengegend gemacht.

In der Lage, die der Kranke in Fig. 59 einnimmt, kann eine Bewegung, die auf die Adductoren des Schenkels wirkt, leicht dadurch gemacht werden, dass man einfach die Beine so weit wie möglich von einander langsam nach auswärts bewegt, und sie dann ebenso langsam einander wieder nähert.

## Streckung des Rückens in der Bauchlage.

Fig. 61 zeigt eine Bewegung, die hauptsächlich auf die Rückenmuskeln, aber auch auf die der hinteren Fläche der unteren Gliedmassen wirkt. Der Kranke liegt auf dem Bauche, die Hände — mit den Fingern nach vorn, dem Daumen nach rückwärts — auf die Hüften gestemmt. Wenn sie umgekehrt aufgesetzt werden, so fallen die Schultern notwendigerweise nach

Fig. 61.

vorn und die Brust wird zusammengedrückt. Die Schultern müssen im Gegenteil gut zurückgeworfen und tiefe Einatmung gemacht werden, da es eine Bewegung nicht nur für den Rücken, sondern auch für die Brust sein soll. Sie wird nach Tapotement des Rückens angewandt oder nur als Muskelanregung und als Teil einer allgemeinen Behandlung. Sobald sich der Kranke an die Uebung gewöhnt hat, werden die Hände in den Nacken gelegt oder parallel mit dem Kopfe gerade nach vorwärts ausgestreckt.

## B. Uebungen bei Widerstand entweder von Seiten des Kranken oder des Arztes.

### Beugen und Strecken des Halses.

Der Kranke steht ganz aufrecht mit den Händen gegen die Wand gestützt. Der Behandelnde legt seine Hände genau unter die Basis vom Kopfe des Kranken, wobei er den Daumenballen der Hand auf jede Seite hinter dem Warzenfortsatz aufsetzt und die Daumen horizontal unter dem Hinterhaupte liegen lässt. Nun leistet der Kranke Widerstand, während der Behandelnde den Kopf nach vorwärts beugt, nachdem er vorher den Hals soviel als möglich gestreckt hat (Fig. 62). Erreicht die Bewegung ihre Grenze nach vorn, so erhebt der Kranke seinerseits den Kopf wieder, wobei der Arzt Widerstand leistet.

Fig. 62.

Durch diese Bewegung werden die Muskeln hinten im Nacken im allgemeinen beeinflusst, aber ihre Wirkung wird auch am oberen Teile des Rückens empfunden. Wenn wir die Bewegung auf eine Seite des Halses beschränken wollen, wie z. B. bei Rheumatismus der rechten Seite, so dreht der Kranke den Kopf nach rechts und neigt ihn nach rückwärts. In diesem Falle wird nur eine Hand gebraucht und die andere als Stütze während der Behandlung auf die entgegengesetzte Seite gelegt.

## Vor- und Rückwärtsbewegungen der Arme in der horizontalen Ebene.

Entweder kann der Kranke sitzen und sich mit dem Rücken anlehnen oder er steht frei. Er streckt die Arme nach vorwärts, dabei die normale Entfernung zwischen den Händen beibehaltend. Wenn er steht, muss ein Fuss die Länge eines gewöhnlichen Schrittes vorgesetzt werden. Auf diese Art wird die Bewegung eine viel sicherere. Der vor ihm stehende Arzt legt seine Hände,

Fig. 63.

wie Fig. 63 zeigt, auf. Der Kranke führt seine Arme unter Widerstand zurück, leistet aber selbst Widerstand, wenn die Arme von dem Arzte nach vorn bewegt werden.

Wie wir aus dem Umfange der Bewegung sehen, wirkt sie ganz besonders auf die Muskeln, welche Schulterblätter und Oberarmbein verbinden. Da die M. M. rhomboideis und trapezius, die von der Wirbelsäule entspringen, fast ebenso viel angestrengt werden, um den anderen Muskeln einen festen Punkt zu geben, von dem aus sie arbeiten können, hat die Bewegung auch auf diese einen bedeutenden Einfluss.

Mit beiden Armen zu gleicher Zeit gemacht, ist sie entschieden eine Brustübung, da sie die Schultern zurückzieht und den Brustkorb hebt. Wird sie nur mit einem Arme ausgeführt, so wird eine Besserung bei seitlichen Verkrümmungen der Wirbelsäule erzielt.

## Strecken und Beugen der Arme.

Der Kranke sitzt auf einem niedrigen Schemel. Der Operateur stemmt ein Knie in den Rücken des Kranken zwischen die Schulterblätter, teilweise um ihm als Stütze zu dienen, teilweise um die Brust auszudehnen. Fig. 64 zeigt, wie die Hände gefasst, die Ellbogen nach auswärts gebogen und als Folge davon die Schultern eingezogen werden müssen. Der Kranke streckt

Fig. 64.

seine Arme gerade in die Höhe und zieht sie wieder abwärts, wobei der Arzt beide Male Widerstand leistet. Diese Bewegung ist nicht nur für die Arme sondern auch für die Brust, da sie Ausdehnung der Letzteren bewirkt.

## Strecken und Beugen am Ellbogengelenk.

Der Kranke sitzt oder steht. Mit einer Hand fassen wir den Ellbogen, um dieses Gelenk in unsere Gewalt zu bekommen und mit der anderen Handgelenk und Hand, wie Fig. 65 zeigt.

Die Bewegung findet hier in der Mittelstellung zwischen Supination und Pronation statt, damit der Supinator longus besonders in

Fig. 65.

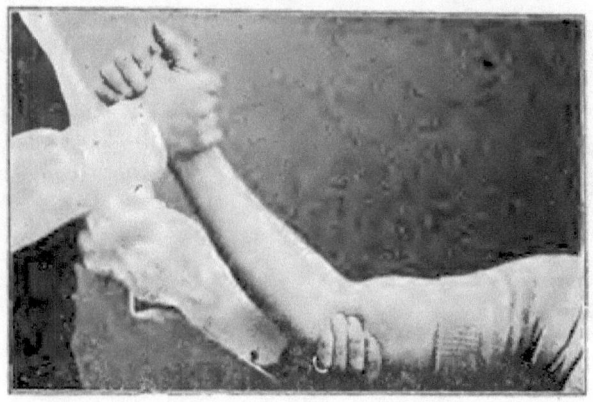

Tätigkeit gesetzt wird. Sowohl beim Beugen als beim Strecken wird entweder vom Arzt oder vom Kranken selbst Widerstand geleistet.

Fig. 66.

Die Uebung wird gegen Steifheit des Ellbogengelenkes, für Muskelerregung u. s. w. angewandt.

## ÜBUNGEN BEI WIDERSTAND.

### Strecken und Beugen am Kniegelenk.

Der Arzt lagert das Knie des Kranken über sein eigenes Bein und legt eine Hand auf das Kniegelenk, die andere auf den Fussrücken (Fig. 66).

Der Kranke streckt und beugt das Bein, während der Behandelnde Widerstand leistet. Bei der Beugung des Gliedes wird die Hand, die auf dem Fussrücken liegt, hinter Ferse und Knöchelgelenk gelegt.

### Strecken der Wirbelsäule.

Ich erinnere mich nicht, diese Bewegung jemals in Stockholm gesehen zu haben, aber mein Bruder wendet sie immer bei Verkrümmung des Rückgrats an.

Fig. 67.

Der Kranke steht so gerade wie möglich, mit dem Rücken an die Wand gelehnt (Fig. 67). Der Arzt steht vor ihm und legt eine Hand auf den Kopf des Kranken, während er ihn mit der anderen stützt. (Die linke Hand ist in der Abbildung etwas ungeschickt aufgelegt.) Jetzt drückt er nach abwärts, wobei der Kranke gleichzeitig angewiesen wird, sich mit aller Kraft nach oben zu strecken. Da der obere Teil der Wirbelsäule so fixiert ist, haben die tiefer liegenden kurzen Muskeln am oberen Ende des Rückens ihren Stützpunkt oben und wirken so von oben nach unten, während die unteren von unten nach oben arbeiten.

In Fällen von Verkrümmung der Wirbelsäule werden so die Ansätze der tieferen Rückenmuskeln, die geschwächt und gedehnt worden sind, in Thätigkeit versetzt. Man muss sorgfältig darauf achten, dass während der Uebung der Kopf nicht vorwärts gebeugt wird, da sonst die Wirkung derselben vollständig verloren geht, weil der fixierte Teil oben bewegt wird.

### Drehen des Rumpfes in sitzender Lage.

Der Kranke sitzt auf einem niedrigen Schemel. Entweder müssen die Füsse auf irgend eine Weise fixiert werden, oder ein Assistent hält die Knie fest, sonst wird die Bewegung nicht auf den Rumpf allein beschränkt. Die Hände sind im Nacken gefaltet, Rücken und Kopf vollständig gerade gehalten. Der Arzt erfasst die Ellbogen des Kranken (Fig. 68).

Jetzt beginnt die Bewegung. Der Patient dreht sich zuerst nach der einen Seite, dann nach der anderen. Der Arzt leistet, wenn der Patient sich (wie in Fig. 68) nach links dreht mit seiner linken Hand Widerstand von rückwärts und mit der rechten von vorwärts. Ehe die Bewegung wieder nach vorn und rechts herüber geht, wechselt er die Stellung der Hände. Die linke wird vorn, die rechte hinten auf die respectiven Ellbogen gelegt. Der Widerstand muss auf beiden Seiten gleichmässig gemacht werden. Hat der Kranke die Wendung so weit wie möglich vollbracht, so wendet er sich wieder nach vorwärts, abermals bei Widerstand. Ist er gerade in der Mitte angelangt, wird eine Pause von einigen Sekunden gemacht, bevor die Bewegung nach der andern Seite anfängt.

Wenn wir die Verteilung der Muskeln des Rumpfes berücksichtigen, so sehen wir, wie weitgehend die Wirkung dieser Uebung wirklich ist. Von unten am Hüftbeinkamme auf der rechten Seite steigen die Fasern des äusseren schiefen Bauchmuskels nach auf- und rückwärts. In der Gegend des Brustkorbes wird dieselbe Richtung von den äusseren Zwischenrippen-

Fig. 68.

muskeln beibehalten; noch weiter zurück ist ein ähnliches Verhältnis bei den kurzen Fasern, aus welchen die grossen, schiefen Rotatoren des Rückgrats bestehen. Vorn haben wir die inneren schiefen Bauchmuskeln und die inneren Zwischenrippenmuskeln auf, der linken Seite deren Fasern in derselben Richtung wie die der äusseren Muskeln auf der rechten Seite verlaufen.

Ausser für die allgemeine Circulation und für die Muskeln wenden wir diese Uebung bei verschiedenen Krankheiten des Unterleibes an.

Selbstverständlich können wir dem Kranken in allen bisher beschriebenen Stellungen in derselben Richtung und bei derselben Haltung der Hand passive Bewegungen machen. Eine Ausnahme bildet die Streckung des Rückens.

## Erheben des Beines in seitlicher Lage.

In Fig. 69 sehen wir die Lage, die der Kranke einnehmen muss, ehe die Uebung beginnt. Fig. 70 zeigt, wie die Bewegung

Fig. 69.

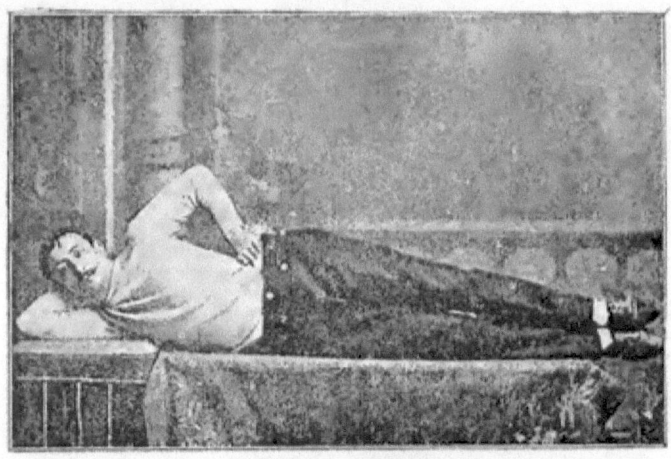

bei Widerstand gemacht wird. Der Arzt steht seitwärts vom Kranken und stützt ihn an der Gesässgegend. Mit einer Hand

Fig. 70.

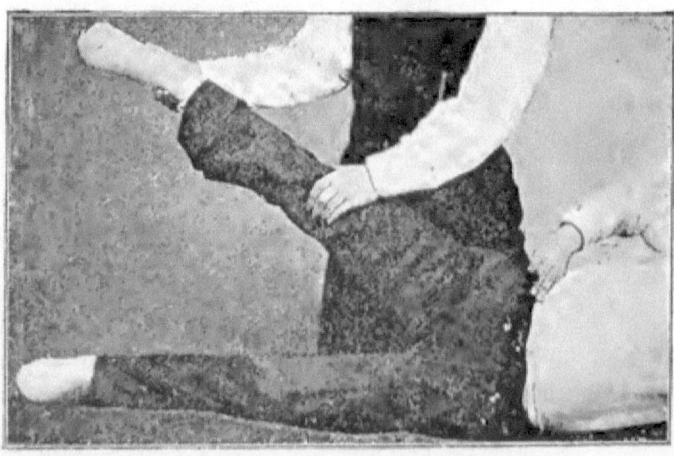

erfasst er Ferse und Knöchel so, dass der Daumen parallel mit dem äusseren Rande des Fusses liegt; die andere Hand wird

ÜBUNGEN BEI WIDERSTAND.

auf das Knie gelegt. Der Kranke hält das Bein vollständig gerade und erhebt es langsam in der Mittellinie, so hoch er nur kann, wobei der Arzt Widerstand leistet. Nachher drückt dieser es wieder herunter und der Kranke widersteht. Wenn wir den Fuss etwas nach rück- oder vorwärts bringen, so regen wir je nachdem die vorderen oder hinteren Teile der Muskelmasse in der Glutealgegend zu grösserer Thätigkeit an.

**Abduction und Adduction der Kniee. (Fig. 71.)**

Der Kranke befindet sich in halb liegender Stellung, die Kniee gebeugt und die Füsse in derselben Ebene aufliegend wie das Gesäss. Der Behandelnde steht vor dem Kranken und legt eine Hand auf die äussere Seite jedes Kniees. Der Kranke abduciert den Schenkel bei Widerstand vom Arzt, und der letztere

Fig. 71.

adduciert die Kniee, während der Kranke Widerstand leistet. Auf diese Weise werden die Abductoren der Schenkel bedeutend beeinflusst. Man muss vor dem Kranken stehen, um Streckung der Muskeln zu bewirken.

In derselben Lage können auch die Adductoren der Schenkel geübt werden, wenn auf der inneren Seite der Kniee Widerstand geleistet wird, sobald sie einander genähert werden, oder wenn der Arzt die Kniee bei Widerstand des Kranken abduciert.

## ACTIVE BEWEGUNGEN.

Die Intensität der Bewegungen wird vergrössert, wenn der Kranke auf einer hohen Bank sitzt, den Rücken fixiert und die Beine ausgestreckt hat. Die Hände des Behandelnden werden dann auf die Füsse anstatt auf die Kniee gelegt. Die vermehrte Länge des Hebels vergrössert die Muskelarbeit für den Kranken, während sie zu gleicher Zeit die Kraft vermindert, die der Arzt anwenden muss.

# EINIGE FÄLLE ZUR ERLÄUTERUNG DER BEHANDLUNG.

## I. Mumps.

Artillerist N. im Marine-Hospital in Pola kam am 17. December 1888 in Behandlung. Die Ohrspeicheldrüsen waren an beiden Seiten geschwollen; die Geschwulst dehnte sich vom Jochbogen bis unterhalb des Unterkiefers aus. Sie war hart und schmerzhaft und hatte die Grösse eines Hühnereies. Der Kranke konnte den Mund vor Schmerz nicht öffnen. Das Gehör war geschwächt. Die Krankheit hatte am Tage vorher angefangen.

Verlauf. Nachdem ich die Behandlung ungefähr zwanzig Minuten lang fortgesetzt hatte, waren die Drüsen auf ein Drittel ihres vorigen Umfanges heruntergegangen und weich.

18. Dec. Schmerz und Geschwulst geringer als gestern nach der Behandlung.

19. Dec. Gehör normal, keine Schmerzen, keine Anschwellung. Bewegung des Unterkiefers schmerzlos und frei. Geheilt entlassen.

Behandlung. Pétrissage. Der Druck ging im Halbkreis von oben nach hinten und abwärts. Ich stand hinter dem Kranken und gebrauchte den Daumenballen, um keinen unnötigen Schmerz zu verursachen. Die Pétrissage wirkte jedoch nicht schnell genug und deshalb machte ich mit denselben Teilen der Hand Vibrationen, was nicht nur den Schmerz, sondern auch die Anschwellung rascher verminderte.

Da die Ohrspeicheldrüse vom N. facialis versorgt wird, gab ich eine Minute lang Frictionen über denselben.

## II. Mandelentzündung.

I. Rinaldo Waffengast im Marine-Hospital in Pola, 22 Jahre alt, kam am 11. December 1888 in meine Behandlung. Beide

Mandeln hatten am Tage vorher zu schwellen angefangen. Sie waren mit Eiter bedeckt. Auf der rechten Seite breitete sich der eitrige Belag über eine grosse Fläche aus, während er auf der linken mehrere kleinere Punkte bildete. Die Mandeln selbst waren sehr angeschwollen, und das Schlucken mit grosser Schwierigkeit und vielen Schmerzen verbunden.

Verlauf. Nach der Behandlung fühlte sich der Kranke viel besser; die Schlingbeschwerden nahmen bedeutend ab.

12. Dec. Mandeln viel kleiner, der eitrige Belag auf beiden Seiten verschwunden.

13. Dec. Mandeln fast normal, keine Beschwerden oder Schmerzen mehr beim Schlucken. Patient zum letzten Mal behandelt.

Behandlung. Der Kranke wurde täglich fünfzehn Minuten lang behandelt. Zwei Bewegungen, wie sie in Fig. 20 und 23 gezeigt werden, wurden hauptsächlich für den Hals angewandt, letztere ungefähr zehn Minuten lang, ausserdem Frictionen über den Facialis. Die Manipulationen hinter dem aufsteigenden Aste des Unterkiefers regen während der ganzen Zeit den Nerv an, da die Finger beständig darüber gleiten.

II. R., 28 Jahre alt, Dienstmädchen in Triest, hatte sich am 22. Januar 1889, dem ersten Tage ihrer Menstruation erkältet. An demselben Tage und während der Nacht stellten sich Fieber, verbunden mit Schüttelfrost, erschwertem schmerzhaftem Schlucken und starkem Kopfweh ein.

Dr. Michele Braun, der bekannte Specialist für Nasen-, Hals- und Kehlkopfkrankheiten, behandelte sie. Ich selbst war damals in seiner Behandlung in Triest. Er erwähnte mir gegenüber den Fall am Morgen des 23. und fragte mich, ob ich sie behandeln und ihm dabei die Art und Weise meines Verfahrens bei Halskrankheiten zeigen wollte.

Die Temperatur der Kranken war 39° C. Sie lag im Schüttelfrost und hatte grosse Schmerzen beim Schlucken. Beide Mandeln waren entzündet und mit einem zusammenhängenden weissen Belag bedeckt, der besonders auf der rechten Seite stark

# FÄLLE ZUR ERLÄUTERUNG DER BEHANDLUNG.

vorhanden war. Die Haut war trocken und heiss, der Kopfschmerz heftig und die Lymphdrüsen vergrössert.

Verlauf und Behandlung. 23. Januar. Ich gab Erschütterungen, wie sie in Fig. 20—23 gezeigt werden, jede ungefähr fünf Minuten lang, wobei Schmerz und Beschwerde beim Schlucken fast ganz aufhörten; sodann drei Minuten lang Frictionen im Nacken, ganz besonders über das zweite Paar der Cervicalnerven. Der Schüttelfrost hörte auf, sie wurde warm und die Haut feucht. Darauf liess ich allgemeine Pétrissage des Unterleibes folgen.

Am Abend um sechs Uhr war die Temperatur 38,6° C., der Puls 132. Ich behandelte sie wie am Morgen, und der Puls ging sogleich auf 96 herunter. Dann sagte sie mir auch, dass sie grosse Schmerzen in der Kreuzbeingegend habe, und, dass dieselben seit sechs Monaten immer sehr stark bei der Menstruation aufträten. Ich gab ihr Nerven-Frictionen über das Kreuzbein, was zur Folge hatte, dass die Schmerzen ganz aufhörten.

24. Jan. Sie wurde am Morgen nicht behandelt.

Die Schmerzen beim Schlucken hatten sich bedeutend vermindert. Bis zehn Uhr Abends hatte sich die Kranke wohl gefühlt, um diese Zeit stellte sich das Fieber aber wieder ein.

Dr. Braun mass am vorigen Abend eine Stunde nach der Behandlung ihre Temperatur und fand sie normal. Diese plötzliche Wirkung setzte ihn in Erstaunen und er ersuchte Dr. Escher und Dr. Germonic (Primar-Aerzte am Krankenhause in Triest) bei meinem nächsten Besuche, welcher um sechs Uhr Nachmittags stattfinden sollte, gegenwärtig zu sein.

Der Puls war wieder auf 122 gestiegen und die Temperatur 38° C. Ich gab dieselbe Behandlung wie am Tage vorher. Die Halsschmerzen verschwanden vollständig. Ich machte zwei Minuten lang Nerven-Frictionen über die Nackennerven. Dr. Escher und Dr. Germonic nahmen jeder eine Hand und fühlten während der Frictionen den Puls. Sie sagten, dass er anfangs bald langsamer, bald schneller, dann aber gleichmässiger geschlagen hätte. Nach Verlauf der zwei Minuten ging er aber verhältnissmässig langsam und belief sich auf 90 Schläge die Minute.

Eine Stunde darauf war die Temperatur normal, die Kranke fühlte sich leicht und wohl, und die Kreuzschmerzen blieben ganz fort.

25. Jan. Die Kranke war wieder gesund. Sie hatte beim Schlucken keine Beschwerden. Die Mandeln waren nicht entzündet, der Belag war verschwunden, die Temperatur normal, Puls 72. Ich behandelte sie zum letzten Male.

### III. Diphtheritis.

I. Der Soldat Ine F. erkrankte am 10. December 1888 und wurde an demselben Tage nach dem Marine-Hospital in Pola gebracht.

Am 11. um 4 Uhr Nachmittags sah ich ihn zum ersten Male.

Die Mandeln waren sehr geschwollen, die rechte am meisten; sie trafen sich fast in der Mitte. Die rechte Mandel war mit einem grossen brandigen Belag bedeckt, die linke in geringerem Masse. Die Lymph- und Submaxillardrüsen waren vergrössert, besonders auf der rechten Seite, wo sie eine grosse zusammenhängende Geschwulst bildeten. Das Schlucken war äusserst schmerzhaft, die Temperatur 39,6° C., der Puls 104.

Verlauf. Die Behandlung wurde sofort begonnen, die Anschwellung der Drüsen nahm sichtbar ab, letztere wurde weicher.

9 Uhr Abends. Drüsen diffus ödematös geschwellt, weich. Der Kranke klagt, dass der Speichel und die Flüssigkeiten, die er zu sich nimmt, durch die Nase gehen. Er hält den Mund weit offen. Temperatur 38,7° C., Puls 92. Nach der Behandlung war die äussere Anschwellung fast verschwunden; Auswurf leichter; er schloss den Mund und gab an sich besser zu fühlen.

13. Dec. Morgentemperatur 37,7° C. Die Anschwellung der Mandel auf der rechten Seite hat abgenommen und der membranöse Belag ist kleiner, die linke Seite reiner.

14. Dec. Der membranöse Belag nimmt stetig ab. Temperatur 37,3° C.

16. Dec. Das Schlucken leichter, aber Flüssigkeiten kommen noch beim Trinken durch die Nase heraus.

17. Dec. Auf der linken Mandel löst sich der Belag; die Mandeln viel kleiner; die Lymphdrüsen normal.

20. Dec. Die Rachenwände normal; der Kranke wohl; Behandlung aufgehört.

Am 30. verliess der Kranke das Hospital und erhielt einen dreiwöchentlichen Urlaub. Er kam mit paralytischen Symptomen aus demselben zurück. Diese wurden stärker, Bulbär-Paralyse trat ein, und am Nachmittage des 2. Februar 1889 starb er an Herzlähmung. Ich war während der Zeit nicht in Pola.

II. Das Mädchen Papic, 8 Jahre alt. Am 9. December 1888 waren die Mandeln rot und geschwollen und hatten einen membranösen Belag.

10. Dec. Fieber; Drüsen geschwollen.

11. Dec. Zunahme der Membranen.

Verlauf. 12. Dec. Sie kam in meine Behandlung. Temperatur 37,7° C., Puls 110. Sie hält den Mund offen; Respiration schnarchend; Gesichtsausdruck ruhig. Die Mandeln sehr geschwollen, besonders die linke, so dass sie sich fast berühren. Der Belag erstreckt sich auf das Gaumensegel. Die Nase ist frei. An der linken Seite sind die Lymphdrüsen so gross wie Haselnüsse; an der rechten wie Mandeln; die Submaxillardrüsen sind geschwollen, alle sind empfindlich.

Abends 9 Uhr. Temperatur 37,4° C. Puls 92. Sowohl am Morgen wie am Abend ungefähr 20 Minuten lang behandelt.

13. Dec. Gestern wurde der membranöse Belag mit Milchsäure gepinselt. Heute ist er noch zusammenhängender und dicker und breitet sich auf der linken Seite aus; auf der rechten zeigt sich der Belag an einzelnen Stellen. Seit gestern geht alle Flüssigkeit, die sie zu sich nimmt, durch die Nase. Die Lymphdrüsen auf der rechten Seite grösser, auf der linken ödematöse Anschwellung vorhanden, besonders in der Submaxillargegend.

Abends. Temperatur 37,6° C. Puls 102. Während der Behandlung fliesst eine grosse Menge Speichel aus dem Munde. Danach fühlt sich das Mädchen leichter, die Drüsen sind weicher und kleiner.

14. Dec. Schlief die Nacht ziemlich gut. Morgentemperatur 37,7° C.

Abends zehn Uhr. Temperatur 37,6° C. Puls 108. Respiration sehr schnarchend; Nase verstopft; Gesichtsausdruck apathisch. Membranöser Belag auf der rechten Seite wie vorher, auf der linken breitet er sich dick über die ganze Mandel, den weichen Gaumen und die Uvula aus.

Der Puls setzt manchmal (jeden fünften oder sechsten Schlag) aus und ist sehr schwach. Der Atem setzt von Zeit zu Zeit aus; nach einer dreissig Minuten langen Behandlung wird der Puls ruhiger und regelmässiger, ebenso der Atem.

15. Dec. Vormittags. Temperatur 36,7° C. Schlief in der Nacht ein wenig, aber schnarchte sehr. Aus der Nase kam eine grosse Menge zäher Flüssigkeit. Gesichtsausdruck ruhig; sie nimmt Interesse an der Umgebung; Atem frei; Nase frei.

Der Belag rechts ist abgestossen. Mandel links weniger geschwollen; die Membran zusammengezogen und verkleinert, in der Mitte und an mehreren Stellen gespalten. Die Drüsen sind viel kleiner; zwanzig Minuten lang behandelt.

16. Dec. Morgens. Temperatur 37° C. Schlief gut; hörte nach 2 Uhr auf zu schnarchen. Schwitzte während der Nacht leicht. Linke Mandel vorne frei; der linke Gaumen daneben ebenfalls; an der Uvula und nach rückwärts stösst sich der Belag ab. Die rechte Mandel ist ganz frei.

Abendtemperatur 37° C. 25 Minuten lang behandelt.

17. Dec. Hat gut geschlafen; spielt; isst mit Appetit. Temperatur 37,2° C. Der membranöse Belag ist nur noch ganz vereinzelt an einzelnen Stellen vorhanden. Die Lymph- und Submaxillardrüsen sind normal.

18. Dec. Schlief gut. Oedema des rechten unteren Augenlides. Eiweiss im Urin 1 pCt. Urinmenge gering. Allgemeines Befinden bleibt gut; spielt. Behandlung 35 Minuten.

Abends. Kein Oedema. Das Kind spielt und lacht.

19. Dec. Das letzte Stück der Membran auf der linken Seite hängt frei wie ein Segel von der Mandel. Temperatur 37,6° C. Behandelt 35 Minuten; der Hals 15 Minuten, Rücken und Unterleib während der übrigen Zeit.

20. Dec. Der Urin hat 1 pCt. Eiweiss. Die Membran vollständig verschwunden. Behandlung wie vorher.

21. Dec. Urin enthält noch Eiweiss. Hals 10 Minuten lang behandelt, ausserdem gab ich Pétrissage des Unterleibes und Vibrationen über den Nieren.

22. Dec. Urin enthält Eiweiss im Verhältniss von 1 zu 1000. Die Menge grösser. Das Kind sieht wohl aus.

23. Dec. Menge des Urins ungefähr normal. Spuren von Eiweiss kaum wahrnehmbar. Ich hörte mit der Behandlung auf. Am 6. Januar 1889 wurde die Kranke nach Hause geschickt.

Behandlung. Die Behandlung bei Diphtheritis ist dieselbe wie bei Bräune, nur werden im Anfange Vibrationen anstatt der Erschütterungen gebraucht, und die letzteren müssen, wenn sie später zur Anwendung kommen, zuerst sehr zart gemacht werden. Die Nerven-Frictionen im Genick werden einige Minuten lang fortgesetzt. Das Ganze wird mit allgemeiner Pétrissage des Unterleibes, begleitet von Nerven-Frictionen der sensiblen Rückennerven, abgeschlossen.

Im Falle des Mädchens Papic gab ich in den ersten Tagen des Auftretens von Eiweiss im Urin ein Kneten der Nieren. Am 22. gab ich statt dessen Vibrationen, und am folgenden Tage war die Menge des Urins vermehrt und das Eiweiss vermindert. Die Behandlung dauerte in beiden Fällen 25 bis 35 Minuten. Sie wurde täglich zweimal gegeben.

## IV. Diphtheritische Lähmung.

Ich behandelte den folgenden Fall während des Sommers 1887 in Leipzig in der Klinik des Dr. Moebius, der wohlbekannten Autorität für Nervenkrankheiten.

Marie A., 15 Jahre alt, aus Leipzig, erkrankte in der zweiten Woche des Decembers 1886 an Diphtheritis und war vier Wochen lang an ihr Bett gefesselt. Verschiedene Male wäre sie beinahe erstickt, aber ihre Mutter rettete ihr wahrscheinlich das Leben, indem sie grosse Stücke mit einem Löffel aus dem Halse wegriss. Ein jüngeres Glied der Familie, ein dreijähriger Knabe, starb zu derselben Zeit an Diphtheritis. Die Fortschritte in der Besserung bei der Kranken waren sehr langsamer Natur. Sie konnte bis Mitte Februar 1887 nicht ausgehen. Der weiche Gaumen blieb längere Zeit gelähmt. Selbst im Mai und Juni kam es dann und wann noch vor, dass die Nahrung wieder durch die Nase herauskam.

Ungefähr Mitte Mai fing die Kranke an Schwäche in den Beinen und infolgedessen Schwierigkeit beim Gehen zu empfinden. Sie wurde aufs Land geschickt, kam aber nach 14 Tagen noch kränker zurück. Die Schwäche nahm Tag für Tag zu, bis sie zuletzt nicht mehr ohne Beistand gehen konnte. Ihr Arzt riet ihr dann Dr. Moebius zu konsultieren, und sie besuchte seine Klinik am 23. Juni 1887. Ihr Zustand war an dem Tage, kurz gefasst, folgender:

Die Kranke sah blass und schwach aus und hatte schlechten Appetit. Sie war sehr nervös und weinte bei der geringsten Ursache. Die Sensibilität in den Füssen, Knöcheln und den unteren Teilen der Beine war sehr vermindert. Schmerzen waren der Schwäche in den Beinen nicht vorhergegangen, auch hatte sie jetzt keine. Sie konnte nur ein paar Schritte ohne Hülfe gehen, und selbst diese nur watschelnd. Sie verlor das Gleichgewicht beim Gehen und ebenfalls wenn sie die Augen schloss.

Als sie die Füsse strecken oder beugen sollte, gelang ihr nur eine kleine Bewegung der Zehen. Die Beugungs- und Streckungsfähigkeit in den Kniegelenken war verschwunden. Die Adduction der Schenkel konnte mit einiger Anstrengung ausgeführt werden, während die Abductoren fast ihre ganze Kraft verloren hatten. Sie konnte sich nicht ohne Hülfe vom Stuhle erheben, auch sich nicht allein aufrichten, wenn sie mit weit gespreizten Füssen stehend, ihren Körper vorwärts oder seitwärts gebeugt hatte. Diese Unfähigkeit sich selbst zu bewegen, hatte ihren Grund teilweise in dem Mangel an Gleichgewicht, teilweise in der Muskelschwäche. Der Patellar-Reflex fehlte. Ihr Gesichtssinn hatte gelitten, aber die Accommodationsfähigkeit war jetzt normal. Ihre Stimme hatte einen leichten, näselnden Ton, und wie schon gesagt, kam es ein paar Mal im

# FÄLLE ZUR ERLÄUTERUNG DER BEHANDLUNG   123

Monat vor, dass die Nahrung wieder durch die Nase ging. Versuche mit Electricität wurden nicht gemacht.

Verlauf. Vom 23. Juni bis zum 2. Juli behandelte ich die Kranke viermal. Ende dieser Zeit hatte sich die Sensibilität sehr gebessert und das Mädchen war auch im Rücken kräftiger geworden. Die Füsse hatten etwas an Kraft gewonnen, aber sie war noch nicht im Stande, die Bewegungen damit nach aussen und nach innen zu machen.

9. Juli. Wieder viermal behandelt. Das Gefühl in den Füssen und Beinen war vollständig hergestellt. Sie konnte dieselben bei leichtem Widerstand meinerseits beugen und strecken. Die Kraft der Eversion und Inversion kehrte zurück. Sie konnte ohne Beistand, mit viel sichererem und weniger watschelndem Gange, gehen.

16. Juli. Wieder viermal behandelt. Am 14. ging sie ohne Hülfe einen grossen Teil des Weges zu Fuss nach der Klinik, und ebenfalls in ihrem Hause drei Treppen hinauf, während sie vorher hinaufgetragen werden musste. Ihre Stimme hat den näselnden Ton verloren und ihr allgemeines Aussehen sich sehr gebessert.

23. Juli. Wurde seit dem letzten Bericht dreimal behandelt. Während der letzten paar Tage empfand sie etwas Schmerz in den Knöcheln und Knieen, weil sie ziemlich viel Zeit in der freien Luft zugebracht hatte. Auch hatte sie ein prickelndes Gefühl im Halse nach den Ohren zu bemerkt. Aber diese Symptome waren bis zu dem obigen Datum verschwunden. Sie konnte sich umdrehen, ohne zu schwanken und ging gut.

2. August. Die Kranke wurde dreimal während der vorigen Woche behandelt, und bei dieser Gelegenheit war sie ohne Hülfe von ihrem Hause bis nach der Klinik und wieder zurückgegangen, ungefähr eine viertel Stunde Wegs. Sie hatte ihre Kraft wieder erlangt und machte alle ihre Bewegungen normal. Diejenigen im Fuss- und Kniegelenke wurden mit bedeutender Kraft ausgeführt. Sie konnte ganz ruhig mit geschlossenen Augen stehen, fühlte sich wohl, sah so aus und konnte nun für geheilt betrachtet werden.

In der Woche, die auf den 2. August folgte, wurde sie nicht behandelt, da ich nicht in Leipzig war. Sie kam noch am 9., 12. und zum letzten Mal am 16., an welchem Tage sie als geheilt entlassen wurde.

Der Patellar-Reflex war noch nicht zurückgekehrt, aber nach der Erfahrung von Dr. Moebius stellt sich derselbe erst eine Zeit lang nach der Herstellung der Muskelkraft wieder ein.

Jedesmal wurde die Kranke eine halbe bis dreiviertel Stunden behandelt. Durch Nachricht, die ich am Ende des Jahres 1887 von der Mutter erhielt, erfuhr ich, dass die Patientin vollständig gesund geblieben war.

Behandlung. Ich gab täglich Halserschütterungen (Fig. 20—23) mit Frictionen über den Facialnerv, Pétrissage der Beine und Glutealgegend und Tapotement des Rückens, beide von Nerven-Frictionen begleitet. Darauf folgten andere passive und active Bewegungen, wie sie in Fig. 55, 57, 68 u. s. w. gezeigt werden.

Um den watschelnden Gang zu beseitigen, gab ich die Bewegung, die in Fig. 71 gezeigt wird.

### V. Blasencatarrh.

Mr. L., 30 Jahre alt, hatte seit mehreren Monaten an geringem Eiterfluss gelitten. Um ihn rasch los zu werden, gebrauchte er eine grosse Einspritzung von Höllensteinlösung (1 proc.), was, wie er gehört hatte, eine augenblickliche Heilung bewirken würde. Er gebrauchte die Einspritzung so wenig sorgfältig, dass ein Teil davon in die Blase kam. Dieses verursachte ihm ausserordentliches Unbehagen, so dass er gezwungen war, sich nach der Anwendung über eine Stunde ruhig zu verhalten.

Am Nachmittage war er gezwungen, zu Bett zu gehen. Er bekam Schüttelfrost und musste drei Tage das Bett hüten. Fieber, Erbrechen, äusserste Reizung der Blase, Schmerzen im Damm, dem unteren Teil des Rückens und dem Kreuzbein stellten sich ein. Sein Appetit verliess ihn gänzlich und er konnte nur angesäuertes Wasser trinken und flüssige Nahrung zu sich

# FÄLLE ZUR ERLÄUTERUNG DER BEHANDLUNG.

nehmen. Er hatte auch, wenn die Blase leer war, einen fortwährenden Drang, Urin zu lassen, wobei ein grosser Reiz vorhanden war. In der Nacht konnte er nur wenig schlafen.

Am vierten Tage, den 3. September 1888, als er in Behandlung kam, hatten die obigen Symptome etwas nachgelassen. Er sah abgespannt und elend aus, hatte ein Gefühl von grosser Erschlaffung und bereute bitter, sein eigener Doctor gewesen zu sein. Er hatte kein Fieber, der Appetit hatte sich so weit gebessert, dass er ganz leichte Nahrung zu sich nehmen konnte. Gehen war ihm höchst unangenehm, so auch Fahren, weil beides die Blase reizte.

Der Urin setzte Eiter, Schleim, Tripelphosphate von Ammoniak und Magnesia ab.

Verlauf. 10. Sept. Der Kranke wurde zweimal täglich vom 3. an behandelt. Die erste Behandlung verschaffte ihm einige Stunden Erleichterung. Er fühlte beim Nachhausegehen keine Beschwerden. Er verbrachte eine viel bessere Nacht und genoss mehr Ruhe und Schlaf. Von Tag zu Tag hat sich sein Zustand beständig gebessert. Er lässt jetzt zwei- bis dreimal täglich den Urin und braucht in der Nacht nicht aufzustehen. In den letzten zwei bis drei Tagen hat er keinen Reiz gefühlt, sondern nur eine Art Schwäche nach dem Leeren der Blase empfunden. Die Ablagerungen von Phosphaten, Schleim und Eiter bedeutend vermindert. Der Appetit verbessert sich.

24. Sept. Der Kranke ist seit dem letzten Berichte nur einmal täglich behandelt worden. Er erkältete sich am 14. und hatte einen kleinen Rückfall, der jedoch bald vorüber ging. Seit einigen Tagen hat er sich vollständig wohl gefühlt. Keine abnormen Niederschläge im Urin. Appetit gut. Behandlung heute aufgehört. Er beschloss die Zeit und leichte Einspritzungen den Eiterfluss heilen zu lassen.

Der Kranke hat seit obigem Datum keine Beschwerden mehr von seiner Blase gehabt.

Behandlung. Die besondere Behandlung bestand in Tapotement über der unteren Lenden-, Kreuzbein- und Dammgegend; leichten Erschütterungen der Blase von oberhalb des

Schambogens und des Dammes; Vibrationen oberhalb des Schambogens; Nerven-Frictionen mehrere Minuten lang über die unteren Lenden- und Kreuzbeinnerven und zuletzt Pétrissage des Unterleibes. Die Nerven-Frictionen dienten am meisten dazu, die Reizung und Entzündung zu heben. Der Kranke trank sehr viel Wasser, das mit frischem Citronensaft sauer gemacht worden war.

## VI. Migräne.

Mr. C. A., 27 Jahre alt, litt seit August 1888 sehr an plötzlichen Anfällen von heftigem Kopfweh. Zuerst verfloss immer eine geraume Zeit zwischen jedem Anfall, aber die Zwischenräume wurden kürzer, bis sich der Kranke zuletzt kaum von einem erholt hatte, ehe der andere begann, und so verging manchmal mehr als eine Woche, ehe er sich wieder vollständig frei fühlte.

Ein schweres dumpfes Gefühl im Kopfe und ein Flimmern vor den Augen gingen den Kopfschmerzen am Morgen, wenn der Kranke erwachte, voraus. Das dumpfe Gefühl verschwand während des Vormittags, aber spät am Nachmittage stellte sich der Schmerz plötzlich ein und wurde gegen Abend immer schlimmer und schlimmer. Entweder erreichte der Schmerz sofort seinen Höhepunkt, oder er nahm allmälig zu. Er war hämmernd, wurde am meisten hinter den Augen gefühlt und war gewöhnlich an beiden Seiten gleich heftig. Licht verschärfte den Schmerz. Der Kranke ging höchst ungern zu Bett, da das Liegen Verschlimmerung brachte. Wenn er sich aber hinlegte, verfiel er nach einigen Stunden in einen schweren Schlaf, und am nächsten Morgen wachte er mit einem drückenden Gefühl von Schwere im Kopf auf, das zu mehreren Gelegenheiten einige Tage lang anhielt.

Die Anfälle machten ihn sehr nervös und erschöpft.

Der Kranke fühlte sich niemals übel. Er hatte gefunden, dass die Kopfschmerzen durch Ermüdung, durch langes Aufsitzen am Abend und durch starkes Licht, wie z. B. im Theater hervorgerufen wurden.

# FÄLLE ZUR ERLÄUTERUNG DER BEHANDLUNG.

Im Sommer 1888 bekam er Anfälle von Herzklopfen; der erste nahm ihm fast die Besinnung. Er fühlte bis unten in den linken Arm Schmerzen und konnte nur mit Mühe Atem holen. Während der Anfälle von Herzklopfen kann man den Spitzenstoss über eine grosse Ausdehnung sehen und fühlen. Die Herztöne sind laut, der Puls beträgt zwischen 80 bis 90 die Minute und ist voll. Der Kranke ist zwischen den Schultern sehr empfindlich. Das Herzklopfen stellt sich zu jeder Zeit ein, manchmal folgt es auf eine Mahlzeit, andere Male tritt es wieder mehrere Stunden danach auf.

Der Kranke raucht sehr viele Cigaretten.

Appetit und Verdauung gut.

Behandlung und Verlauf. Am 4. Januar 1890 wurde er zuerst behandelt. Ich gab allgemeine Bewegungen, aber auch besondere für die Migräne, wie Frictionen über die Kopf- und Halsnerven; für das Herzklopfen Nerven-Frictionen zwischen den Schultern und Vibrationen über der Herzspitze.

Ende Januar waren die Anfälle weniger häufig, und sehr oft, wenn sich die Anzeichen am Morgen einstellten, folgten doch keine Kopfschmerzen, weil die Behandlung am Vormittag dazwischen kam. Herzklopfen war nach der ersten Woche der Behandlung nicht wieder aufgetreten. Während dieses Monats war der Kranke regelmässig täglich behandelt worden.

In der letzten Woche des Februar wurde die Behandlung ausgesetzt, da der Kranke seit einiger Zeit gar keine Kopfschmerzen mehr gehabt hatte. Zeigten sie sich, so verschwanden sie nach einer kurzen Anwendung von Nerven-Frictionen, die mit Druck auf das zweite Nackennervenpaar abwechselten. Die Behandlung war in diesem Monat nicht regelmässig vorgenommen worden, oft nur zwei- bis dreimal die Woche. Das allgemeine Befinden hatte sich bedeutend gebessert; kein Herzklopfen in diesem Monat.

## VII. Acuter entzündlicher Magen-Darm-Katarrh bei einem Kinde.

H. S., 1¼ Jahr alt, bekam plötzlich in der Nacht des 10. Juli 1889 Erbrechen und Diarrhöe. Bis dahin war er vollkommen wohl gewesen. Gegen Morgen wurde der Stuhlgang immer häufiger, alle zwanzig bis dreissig Minuten.

Ich sah das Kind zuerst um 8 Uhr am Morgen des 11. Juli. Das Gesicht sah eingefallen aus, die Augen hatten dunkle Ringe und waren eingesunken. Es lag ganz teilnahmslos, dann und wann leise wimmernd. Der Puls war sehr schwach und rasch, machte 170 Schläge die Minute; die Temperatur war $102,2°$ F. Der Stuhlgang wässerig, mit kleinen Stücken und etwas Blut vermischt.

Behandlung und Verlauf. Die örtliche Behandlung bestand in Vibrationen auf dem Unterleibe ungefähr 25 Minuten lang, gefolgt von langsamer und sanfter Pétrissage desselben, auch gab ich leichte Frictionen über die Rücken- und Nackennerven, und diejenigen der Arme und Beine, teilweise mit der Absicht, die Temperatur herabzusetzen, teilweise zur allgemeinen Anregung.

Als ich am Nachmittage um vier Uhr zurückkehrte, war die Temperatur auf $100,6°$ F. gesunken; es hatte viermal Stuhlgang gehabt. Das Kind sah viel besser aus, achtete auf das, was vorging und plauderte während der ganzen Zeit, dass ich es behandelte.

Um elf Uhr Abends fand ich den kleinen Kranken in sanftem Schlaf, in dem er schon zwei Stunden gelegen hatte. Er war viel besser gewesen, nachdem ich ihn am Nachmittage verlassen hatte.

12. Juli. Vier Uhr Nachmittags. Das Kind hatte die ganze Nacht durch geschlafen; kein Fieber; keine Diarrhöe. Behandlung dieselbe wie am Tage vorher und zum letzten Mal gegeben.

Es wurde dem Kranken gestattet, am folgenden Tage aufzustehen. Leichte vorsichtige Diät verordnet. Hatte keinen Rückfall.

Im September 1889 hatte ich einen Patienten, einen zehnjährigen Knaben, der an derselben Krankheit litt. Er war am Abend ganz plötzlich beim Zubettgehen krank geworden. Das Erbrechen in diesem Fall war sehr qualvoll, der Stuhlgang sehr wässerig, der Schmerz im Unterleibe heftig. Die Behandlung war dieselbe wie im vorigen Falle. Uebelkeit und Diarrhöe hörten am folgenden Morgen auf.

## VIII. Chronischer Darmkatarrh.

Fräulein -ll-, 48 Jahre alt, Lehrerin an einer Mädchenschule, wurde am Nachmittage des 18. März 1889 plötzlich von Schmerzen im Leibe, von Diarrhöe und Erbrechen begleitet, befallen. Die Patientin versuchte am Abend etwas Thee zu trinken, erbrach ihn aber sofort wieder. Die Diarrhöe und die Schmerzen hielten während der ganzen Nacht an, sie hatte ungefähr acht bis neun Stühle. Sie hatte Fieber, weiss aber nicht wie hoch.

Neun Tage blieb sie sehr krank. Sie konnte nur Milch mit Cognac vermischt, etwas kalte Bouillon und Gelée geniessen.

Da ihr Zustand sich nicht gebessert hatte, die Schmerzen und die Diarrhöe sich gleich blieben, wurde am vierten Tage ein zweiter Arzt zur Konsultation gerufen. Zu der vorherigen medicinischen Behandlung wurden jetzt noch Morphiumeinspritzungen hinzugefügt. Drei Tage nach einander machte man ihr eine Einspritzung täglich. Viel Opium wurde innerlich gegeben und auf warme Umschläge, welche auf den Leib gelegt wurden, gesprenkelt. Die Schmerzen im Leibe nahmen dadurch ab. Der Stuhlgang selbst war ohne Beschwerden, aber danach war die Patientin so erschöpft, dass sie einige Minuten nicht sprechen konnte, und fast ohnmächtig vor Schmerz wurde.

Der Arzt glaubte, dass sie die Krankheit durch Einatmen von schlechten Gasen, welche in Folge mangelhafter Drainierung des Hauses entstanden waren, bekommen hatte. Fünf andere Leute, die entweder im selben Hause waren, oder zu ihr kamen, und eine Dame, die im Nebenhause wohnte, bekamen dieselbe Krankheit, aber weniger heftig und erholten sich bald wieder.

## 130 FÄLLE ZUR ERLÄUTERUNG DER BEHANDLUNG.

Als sich die Patientin kräftig genug fühlte, ging sie an die See. Der Aufenthalt dort bekam ihr sehr gut, sie kam viel besser zurück, aber nach sechs Wochen traten die Schmerzen und die Diarrhöe wieder auf. Seitdem war letztere oft heftig, und von einem irritierten Zustande des Magens begleitet. Manchmal hatte sie einen dumpfen Schmerz im Leibe, manchmal Diarrhöe und keinen Schmerz. Sie fühlte sich oft übel, hatte aber nur selten Erbrechen. Sie bekam zu einer Zeit eine Medicin, welche sie mehrere Tage lang verstopft machte, aber dann fing die Diarrhöe wieder an. In dieser Weise setzte es fort, bis sie am 9. Juli 1890 zu mir in Behandlung kam.

Gegenwärtiger Zustand. Die Patientin sieht blass, abgemagert und ausgemüdet aus, fühlt sich schwach und unfähig, ihrem Berufe als Lehrerin nachzugehen. Sie hat einen kurzen, trockenen Husten, die Zunge ist belegt, sie isst sehr wenig und hat nie das Verlangen nach Nahrung; sie nimmt fast gar keine feste Speisen zu sich, lebt meist von Milch, Milchbrei u. s. w.; fühlt Schwere, Schmerz und Spannung im Magen, nachdem sie gegessen hat. Seit acht Monaten hat sie weder Thee, Kaffee, Butter, Obst, Kuchen noch Gemüse angerührt, aber die Diät scheint jetzt, ihrer Ansicht nach, keinen grossen Unterschied mehr zu machen. Sie hat sowohl am Tage wie in der Nacht fortwährend Schmerzen, („Ich gehe damit zu Bett, und stehe damit auf."). Die Zahl der Stuhlgänge wechselt von drei bis fünf, sechs oder sieben in vierundzwanzig Stunden. Sie sind manchmal sehr wässerig, manchmal etwas geformt.

Die Patientin kann fast gar keine Zeit lang ohne Schmerzen auf dem Rücken liegen.

Sie fühlt sich immer sehr kalt, und muss dickes Winterzeug tragen, obgleich es Sommer ist.

Sie schläft in der Nacht sehr wenig, oft gar nicht, und wenn sie einmal eingeschlafen ist, wird sie seit langer Zeit durch schreckliche Träume gestört.

Verlauf. Die Behandlung wurde einmal täglich bis zum 8. Aug. 1890 fortgesetzt. Besserung trat schon in der ersten Woche ein und setzte mit kleinen Unterbrechungen so fort, bis die Patientin am obigen Datum mit der Behandlung aufhörte. Ihr Appetit war gut, ihr Schlaf normal und ungestört, sie schlief sechs bis sieben Stunden die Nacht; die Stuhlgänge waren gut geformt und regelmässig einmal am Tage. Schmerz war weder in den Gedärmen noch im Leibe vorhanden; das Gefühl der Kälte hatte aufgehört. Sie ist bis jetzt, vier Jahre nachher, nicht wieder von Katarrh belästigt worden.

## IX. Bauchfellentzündung.

A. S., 8 Jahre alt, kam am 13. Juli 1889 in meine Behandlung. Am Tage vorher hatte er über einen leichten Schmerz im Unterleibe geklagt. Der Schmerz gab gegen Abend nach, aber kehrte plötzlich am folgenden Nachmittage sehr heftig und von Erbrechen begleitet, zurück. Man schickte sofort zu mir, doch konnte ich nicht vor Mitternacht kommen. Ich fand den Kranken mit hochgezogenen Knieen und bedeutend aufgetriebenem Leibe auf dem Rücken liegend. Er klagte über beständige Schmerzen im ganzen Unterleibe, die durch die leichteste Berührung bei Bewegung des Rumpfes und der Beine oder beim Atmen sehr vermehrt wurden. Er war unfähig, tief zu atmen, der Atem war kurz und vom costalen Typus; der Schmerz im Epigastrium und um den Nabel am intensivsten. Hatte keinen Stuhlgang gehabt. Die Temperatur 103° F. Puls 150.

Behandlung und Verlauf. Nachdem ich ungefähr eine halbe Stunde Vibrationen angewandt hatte, liess der Schmerz in solchem Grade nach, dass der Kranke seine Beine ausstrecken und ohne viele Beschwerden tief Atem holen konnte. Jetzt durfte ich auch mit der ganzen Hand etwas Druck auf den Unterleib ausüben. Aber einen Druck mit der Fingerspitze allein vermochte er nicht auszuhalten. Ausser den Vibrationen gab ich mehrere Minuten lang Frictionen über die Nackennerven, sowohl wie über die sensiblen Rückennerven.

14. Juli. Vormittags. Der Knabe hatte ungefähr zwei Stunden geschlafen, nachdem ich fortgegangen war. Dann war er aufgewacht und hatte etwas phantasiert. Der Schmerz war wieder

stärker geworden. Vor meinem Fortgehen gestern zeigte ich der Mutter des Kindes, was sie zu thun habe, im Fall der Schmerz sich wieder einstellte, und wie sie die Vibrationen geben müsse. Dieselbe war selbst einige Jahre mehr oder weniger mit Heilgymnastik behandelt worden und hatte eine ungewöhnlich feinfühlende und für die Behandlung geeignete Hand, weshalb sie die Vibrationen richtig machen konnte.

Jetzt machte sie dieselben sofort und der Kranke fühlte sich leichter und schlief wieder ein. Gegen Morgen erwachte er abermals und zum zweiten Male erneuerte sie die Behandlung mit demselben guten Erfolge.

Die Temperatur war auf 101° F., der Puls auf 120 gesunken. Die Schmerzen hatten sich bedeutend vermindert und der Atem war zum grossen Teil abdominal. Behandlung dieselbe wie bei meinem ersten Besuche.

Am Nachmittage war die Temperatur auf 99,8° F. gefallen. Behandlung wiederholt wie vorher.

15. Juli. Ich sah den Knaben am Nachmittage. Die Temperatur war normal; der Druck verursachte nur geringen Schmerz. Leichte Pétrissage des Unterleibes wurde zum ersten Male gegeben. Der Kranke konnte etwas flüssige Nahrung, wie Milch und Bouillon zu sich nehmen.

16. Juli. Stuhlgang erfolgte vergangene Nacht; klagte nicht über Schmerzen. Behandlung dieselbe wie gestern.

18. Juli. Dem Knaben wurde erlaubt, aufzustehen und sich angekleidet auf das Bett zu legen. Konnte kaum vor Schwäche stehen. Bekam etwas fein geschnittenes Fleisch und Fisch. Stuhlgang einmal am Tage.

22. Juli. Der Kranke ist während der letzten drei Tage auf gewesen. Behandlung aufgehört.

## X. Blinddarmentzündung.

F. C., 17 Jahre alt, erkrankte vor Weihnachten 1883 an Blinddarmentzündung. Er hatte drei Wochen zu Bett gelegen und wurde auf die übliche Weise behandelt. Seitdem hatte er viele Verdauungsbeschwerden und konnte sich nicht recht erholen.

**Gegenwärtiger Anfall.** Am Abend des 26. April 1894 ging der Knabe, nachdem er ein warmes Bad genommen hatte, zu Bett, ohne etwas besonderes zu fühlen. Während der Nacht bekam er allmälig auf der rechten Seite des Leibes Schmerzen, welche bis zum Morgen so sehr zunahmen, dass er sich nicht rühren konnte.

Dieses Mal wurde ich gerufen und als ich am Abend des 27. kam, fand ich den Leib im allgemeinen und besonders auf der rechten Seite gespannt; keine Bauchatmung, ausgenommen in sehr geringem Grade im oberen Teil.

In der rechten Fossa iliaca wurde eine rundliche, verlängerte Geschwulst gefühlt, welche bei leichter Berührung stark schmerzte. Die Schmerzen waren jetzt heftiger als am Morgen und kamen in Paroxysmen.

Er konnte die Beine nicht im geringsten rühren und selbst Bewegung der Arme verschlimmerte die Schmerzen. Während der Nacht hatte er einmal Stuhlgang gehabt; gegen Morgen bekam er einen heftigen Anfall von Erbrechen; der Appetit war gänzlich verschwunden, die Zunge belegt, Puls 98, Temperatur 101,8° F.; er hatte sehr wenig Kopfschmerzen.

Die Behandlung bestand aus leichten Vibrationen über der Geschwulst; starken Frictionen über die Lendennerven der rechten Seite, von denen einige sehr empfindlich waren. Während der Behandlung fingen die Schmerzen an nachzugeben und die Spannung des oberen Teiles des Leibes wurde viel geringer. Jetzt legte ich meine Hand leicht auf den Leib, mit den Fingern über der Magengrube. Hier machte ich mit den Fingern leichten Druck und liess sie bei jeder Atmung tiefer in den Leib eindringen. Dann fing ich an Frictionen und Vibrationen über dem Plexus solaris zu geben.

Die Schmerzen gaben in solchem Grade nach, dass der Patient während der Behandlung einschlief, die Bauchatmung ging tiefer, Puls 92 und weniger hart.

28. April. Sah den Patienten um 9 Uhr Morgens, Temperatur 99,6° F., Puls 88, er hat ab und zu während der ganzen Nacht geschlafen, die Schmerzen waren viel geringer, konnte

seine Beine ohne viele Schmerzen langsam auf und nieder bewegen; kein Appetit; kein Stuhlgang. Behandlung dieselbe wie gestern.

29. Temperatur gestern Abend um 6 Uhr 100° F., heute Morgen um 11 Uhr 98,8° F., Puls 72, Schmerzen geringer als gestern. Appetit kehrt zurück; Stuhlgang, welcher nur wenig Beschwerden verursachte. Behandlung dieselbe wie vorher.

30. Behandlung um neun Uhr Morgens. Temperatur 98,4° F.; Puls 70; kein Stuhlgang; Appetit gut; fast gar keine Schmerzen bei Palpation auf der rechten Seite des Leibes, fühlt geringe Schmerzen, wenn er sich umdreht oder auf der Seite liegt, kann die Beine langsam bewegen und ohne Schmerz aufsitzen. Behandlung dieselbe wie vorher, fügte allgemeine Pétrissage des Unterleibes hinzu.

1. Mai. Schmerzloser Stuhlgang, keine Empfindlichkeit auf der rechten Seite, keine Schmerzen, wenn er sich im Bett bewegt und von einer Seite auf die andere legt, Appetit gut. Der Patient darf morgen aufstehen.

Die Behandlung wurde am 2., 3., 4., und 5., im Hause des Kranken fortgesetzt, am 2. hatte er sich zu müde gefühlt, um länger als ein paar Stunden aufzubleiben. Am 7. fing er an zu mir in Behandlung zu kommen und kam am 17. Mai zum letzten Male. Der Appetit war gut, er hatte alle Tage regelmässig Stuhlgang gehabt und seit dem 1. Mai war keine Empfindlichkeit mehr vorhanden.

## XI. Magen-Katarrh.

Frau —r., 45 Jahre alt. Klagt über Schmerzen in der Magengrube, sowie im ganzen Magen, und über Unfähigkeit etwas zu verdauen. Sie hat acht bis zehn Jahre an Darmkatarrh gelitten. Dies hat eine hartnäckige Verstopfung verursacht, gegen welche eine tägliche Wassereinspritzung nötig ist.

Eine Schwester ist an Schwindsucht gestorben, ein Bruder litt an gastrischen Geschwüren und ist seit mehreren Jahren Störungen des Magens und der Gedärme ausgesetzt.

Der gegenwärtige Anfall wurde dadurch hervorgerufen, dass die Patientin unreife Weintrauben und Salat ass und Bier darauf trank. Schmerz und Erbrechen traten plötzlich ein. Der Anfall ging bis zu einem gewissen Grade nach ein paar Tagen, in denen sie Diät hielt, vorüber. Sie reiste dann nach Paris, nahm sich aber während ihres dortigen Aufenthaltes nicht genug in Acht.

Sie ist jetzt ungefähr zwei Monate lang krank und hat seit dem Anfange der Krankheit zwanzig Pfund an Gewicht verloren.

Die Zunge ist rot, mit hervorragenden Papillen. Appetit schlecht, viel Durst. Sie fühlt vor dem Essen Hunger. Schmerz und Beschwerden treten jetzt gleich, nachdem sie Nahrung zu sich genommen hat, auf, während sie vorher, eine Zeit lang nach dem akuten Anfall, erst später auftraten.

Die Patientin leidet sehr an Blähung, welche manchmal mehrere Stunden dauert. Dieselbe tritt oft während der Nacht auf; sie wacht dann nach einigen Stunden unruhigen Schlafes plötzlich auf. Ein starker säuerlicher Geschmack ist beim Aufstossen vorhanden.

Sie ist verstopft, kein Stuhlgang ohne Wassereinspritzung. Die Stühle sind unregelmässig, aus kleinen, zerrissenen, schlecht geformten Stücken bestehend.

Palpation des Bauches zeigt grosse Empfindlichkeit in der epigastrischen und Unbehagen in der linken hypochondrischen Gegend über dem Magen. Schmerz wird durch Druck in der Linie des Colon descendens und nach unten in der hypogastrischen Gegend gefühlt.

In der Leber wird kein Schmerz gefühlt, wenn auf dem Rande der rechten Seite des Brustkorbes Erschütterungen gegeben werden.

Im Rücken verursachen Frictionen auf der rechten Seite des Rückgrats, ungefähr von der Mitte des hinteren Randes des Schulterblattes gegenüber, bis nach der Lendengegend herunter, ein unangenehmes Gefühl, welches mehr nervöser und empfindlicher Natur als Schmerz ist. Am entsprechenden oberen Teil auf der linken Seite ist Schmerz vorhanden.

Die Patientin schläft schlecht, leidet viel an Kopfschmerzen und hat seit mehreren Jahren häufige Anfälle von supraorbitaler Neuralgie, oft mit Migräne verbunden.

**Behandlung und Verlauf.** Die Behandlung wurde am 5. Dec. 1891 begonnen und regelmässig mit Ausnahme der Weihnachtswoche bis zum 16. Januar 1892 fortgesetzt. Die Kranke hatte schon über einen Monat, ehe sie zu mir kam, strenge Diät gehalten. Dieses wurde während der ersten Woche, in der ich sie behandelte, beibehalten, aber danach durfte sie allmälig essen, was sie wollte.

Die Bewegungen, die gegeben wurden, bestanden aus Erschütterungen auf beiden Seiten am unteren Rande des Brustkorbes, an der Magengrube, um den Magen und die Leber zu beeinflussen, wie auf Seite 38 beschrieben ist; Kneten, besonders des Magens und des Colons, sowie auch allgemeine Pétrissage des Unterleibes, Frictionen über dem Plexus solaris, Frictionen den Rücken auf und ab, besonders auf den empfindlichen Stellen, von Tapotement gefolgt. Ausserdem wurden einige Bewegungen für den allgemeinen Kreislauf gegeben.

Als die Patientin, nachdem sie 23 Mal behandelt worden war, aufhörte, war der Magen vollständig in Ordnung und ist so geblieben. Die Neuralgie und die Kopfschmerzen verschwanden in der ersten Woche und sind nicht wieder aufgetreten.

## XII. Neuralgie der rechten Stirngegend.

Der Gensdarm-Sergeant Stanislaus R., 31 Jahre alt, kam am 11. December 1888 in das Marine-Hospital in Pola.

Vor einem Jahre hatte er Malaria gehabt, die eine intermittirende Neuralgie zurückgelassen hatte. Jetzt klagte er über heftige Schmerzen auf der rechten Seite der Stirngegend, die seit mehreren Tagen angehalten hatten. Er wurde ungefähr 10 Minuten behandelt, worauf der Schmerz verschwand.

Verlauf 12. Dec. Gestern Nachmittag fühlte er ungefähr eine Stunde lang einen leichten Schmerz.

13. Dec. Hatte gestern keine Schmerzen.

Bis zum 17. fühlte er sich ganz wohl, an welchem Tage ich ihn zum letzten Male sah.

Behandlung. Frictionen über die supraorbitalen Nerven und über das zweite Paar der Nackennerven verursachten genau an der Stelle des Kopfes, wo der Kranke am meisten litt, einen stechenden Schmerz. Diese Nerven wurden, der erstere mit Vibrationen, die letzteren mit leichten Frictionen und beständigem Druck behandelt.

Der Kranke wurde dieser Behandlung jeden Morgen zehn Minuten lang unterworfen.

## XIII. Stirnkopfschmerz, mit doppelseitiger Neuralgie des N. Trigeminus, nach Influenza.

I. Herr —r, 58 Jahre alt, musste vor ungefähr dreissig Jahren längere Zeit in Ländern zubringen, wo Wechselfieber herrschte. Um demselben vorzubeugen, nahm er grosse Dosen Chinin ein und als er das Fieber bekam, nahm er noch grössere. Seine Nerven wurden zerrüttet, er litt nachher Jahre lang an Gesichtsneuralgie.

Er schläft nie lange und kann nicht gut schreiben, weil die Hand zittert. Eine Zeit lang verursachte ihm das Schreiben Kopfschmerzen. Er hat die Gewohnheit, vor dem Frühstück eine oder zwei Pfeifen zu rauchen und dann auf dem Wege ins Geschäft eine starke Cigarre. Seine Arbeit ist sehr anstrengend, da er die Aufsicht einer Abteilung in einer der grössten Telegraphenfabriken der Welt hat.

Neuralgie ist in seiner Familie, seine Mutter hat sehr viel daran gelitten.

Gegenwärtige Krankheit. Am 11. Jan. 1892 erkrankte der Patient an Influenza und musste sich am selben Tage zu Bett legen. Sein Arzt hielt den Fall nicht für schwer und am Sonnabend (den 17.) ging er aus, dasselbe am Sonntag; er hatte wenig Husten, aber starkes Fliessen von der Nase. Der Kranke hatte sich müde gefühlt, aber es war kein besonderer Schmerz im Rücken oder in den Gliedern vorhanden gewesen, noch scheint er Fieber, der Rede wert, gehabt zu haben. Der Appetit war während der Woche gut.

Nach dem Spaziergange am Sonntag hörte das Fliessen von der Nase auf und anstatt dessen traten heftiges Stirnkopfweh und bald darauf Schmerzen in den N. N. supraorbitalis und supratrochlearis ein.

Der Schmerz über den Augen war dumpf und schwer, in den Nerven dagegen scharf und schiessend. Am Montag fing der Patient an Paroxysmen von neuralgischen Schmerzen, auf beiden Seiten des Gesichts, sowie auf der Stirn zu bekommen. Die Stirnkopfschmerzen wurden zur selben Zeit schlimmer. Derselbe Zustand herrschte am Dienstag, der einzige Unterschied war, dass die Anfälle der neuralgischen Schmerzen häufiger auftraten, bis sie am Mittwoch den 21. ununterbrochen fortdauerten und sie, sowie die Stirnkopfschmerzen so heftig wurden, dass der Patient fürchtete, den Verstand zu verlieren.

Um zwölf Uhr Mittags telegraphierte man mir, zu kommen, aber ich konnte mich nicht vor sechs Uhr Nachmittags einfinden. Der Kranke hatte seit Sonntag nicht geschlafen und man empfing mich mit der Bitte, ihn von den Schmerzen zu befreien und ihm Schlaf zu geben.

Gegenwärtiger Zustand. Der Patient hat eine blasse Gesichtsfarbe, während er gewöhnlich rote Wangen hat. Die Haut auf der Stirn und im Gesicht ist trocken und kalt. Der Schmerz ist hinter der Stirn, über und hinter den Augen und auf beiden Seiten des Gesichts intensiv. Leichte Frictionen über die N. N. supraorbitalis, supratrochlearis, nasalis, superior maxillaris und auf der oberen Hälfte des Augapfels verursachen starke Schmerzen. Frictionen über die Facial-Nerven sind ebenfalls schmerzhaft. Frictionen über und Druck auf dem zweiten Paar der Cervicalnerven verursachen heftigen Schmerz, während einfache Nerven-Frictionen im Nacken kein Kältegefühl hervorbringen.

Die Temperatur ist nicht erhöht und der Puls geht normal. Der Appetit ist nicht sehr gut. Die Zunge sieht ziemlich gut aus.

Behandlung. Frictionen und Vibrationen über den verschiedenen Zweigen des fünften Nerven. Die, welche am meisten schmerzten, waren die N. N. supraorbitalis, supratrochlearis und nasalis, besonders letzterer. Als ich diesen Nerv behandelte, brach Schweiss auf der Stirn, dem Gesicht und dem Nacken aus und die natürliche rote Gesichtsfarbe kehrte zurück. Frictionen und Vibrationen über den Cervicalnerven und über denen des Kopfes im allgemeinen und allgemeine Pétrissage des Unterleibes schlossen die Behandlung ab. Der Patient fühlte sich vollständig von den Schmerzen befreit, als ich ihn verliess.

22. Der Patient hat die Nacht durch geschlafen und ist bis elf Uhr heute Morgen ohne Schmerzen geblieben. Dann sind sie langsam zurückgekommen, erreichten aber nicht denselben Höhepunkt wie gestern. Sie fingen wieder über den Augen an und verbreiteten sich nach und nach über das ganze Gesicht. Der Appetit war ziemlich gut. Behandlung dieselbe wie vorher.

23. Während der Nacht setzten die Schmerzen etwas heftig ein, aber gaben nach ein paar Stunden nach. Der Schlaf war daher nicht so gut, wie in der vorigen Nacht, der Patient hat aber seit zwei Uhr morgens gut geschlafen. Die Schmerzen sind um zwei Uhr nachmittags zurückgekommen, aber hielten nicht an. Der Kranke war den ganzen Tag auf. Er hat gestern und heute versucht seine Zeitung zu lesen, welches beide Male Schmerzen hervorrief. Heute fand er aber, dass sie nicht so schnell auftraten. Es wurde ihm verboten an den zwei folgenden Tagen die Augen anzustrengen. Behandlung dieselbe wie vorher.

24. Hat gut geschlafen. Die Schmerzen sind nicht wieder stark aufgetreten. Der Patient war den ganzen Tag auf. Behandlung wie vorher.

26. Der Patient ist frei von Schmerzen gewesen. Fühlte Müdigkeit in den Augen, auch Schmerzen in denselben bei Frictionen. Hat heute Morgen längere Zeit gelesen, wodurch er nicht angegriffen wurde. Die Nerven, besonders die N. N. nasalis und supraorbitalis sind noch empfindlich. Hat ebenso gut wie wenn er gesund ist geschlafen.

30. In den letzten Tagen keine Schmerzen und keine Müdigkeit im Kopfe, nachdem er gelesen hat. Der N. nasalis

bleibt empfindlich, die anderen kaum. Der Kopf fühlt sich ganz frei. Der Patient darf morgen wieder ausgehen, aber die Behandlung soll noch eine Woche fortgesetzt werden.

6. Febr. Patient zum letzten Mal behandelt. Ist während der ganzen Woche wohl gewesen.

II. Frau —h., 44 Jahre alt, erkrankte am 30. März 1893 an Influenza, dem ersten Tage ihrer Menstruation, welche dadurch teilweise unterdrückt wurde. Sie bekam heftige Kopfschmerzen und Fieber, nur wenig Husten. In den ersten Tagen hatte sie auch Schmerzen in den Muskeln, aber dieselben verschwanden, während die Kopfschmerzen an Heftigkeit zunahmen.

Am 8. April wurde ich gerufen. Die Patientin hatte noch Fieber, Temperatur 100,6° F., Puls 98. Die Schmerzen im Kopf waren hinter der Stirn und den Augen sehr intensiv. Schmerzen schossen den Zweigen des fünften Nerven, welche über die Stirn gehen, entlang. Sie konnte die Augen nicht auflassen und kein Licht vertragen.

Leichte Frictionen über die N. N. supraorbitalis, supratrochlearis und Vibrationen auf dem Augapfel selbst verursachten heftige Schmerzen. Frictionen über und Druck auf dem zweiten Paar der Cervicalnerven riefen am Berührungspunkte und in dem ganzen vorderen Teil des Kopfes Schmerzen hervor.

Die Patientin schlief Nachts fast gar nicht, und wenn sie einmal einschlummerte, fühlte sie während der ganzen Zeit Schmerzen.

Die Behandlung bestand aus Vibrationen über den angegriffenen Nerven, Frictionen mit beständigem Druck abwechselnd über das zweite Paar der Cervicalnerven, Frictionen über die Cervicalnerven im allgemeinen, dasselbe über die sensiblen Zweige der Dorsalnerven, leichte Pétrissage der Arme und Beine und allgemeine Pétrissage des Unterleibes. Die Behandlung hatte den gewünschten Erfolg, nämlich die Kopfschmerzen und die Neuralgie zu vermindern.

9. Sah die Patientin am Abend. Temperatur 99. Puls 84. Hatte besser geschlafen. Die Kopfschmerzen waren bis zum Vormittag gering, dann wurden sie heftiger und waren ziemlich stark, als ich kam. Behandlung dieselbe wie gestern.

10. Kein Fieber, schlief besser. Hatte am Morgen zwei Stunden lang Kopfweh, mit schiessenden neuralgischen Schmerzen, dasselbe am Nachmittage. Die Schmerzen hatten sehr viel nachgelassen, als ich kam. Die Heftigkeit der einzelnen Anfälle vermindert, die Nerven bei Berührung weniger schmerzhaft. Behandlung dieselbe wie gestern.

11. Hatte heute wieder am Morgen und Nachmittag Kopfweh, aber die Anfälle waren viel leichter als gestern. Schlief gut.

12. Hatte keine wirkliche Schmerzen, nur ein schweres Gefühl im Kopf, die Nerven schmerzten weniger oder gar nicht bei Berührung.

13. Kopf ganz frei von Schmerz.

Beide Patienten sind bis jetzt von Neuralgie befreit gewesen.

## XIV. Graue Degeneration der Hinterstränge des Rückenmarks.

Herr —l, 48 Jahre alt, Jurist, hatte vor vierundzwanzig Jahren an Lues gelitten, welche zur Zeit ziemlich leicht vorübergegangen zu sein schien. Der Patient behauptet, nie tertiäre Symptome gehabt zu haben. Seine Arbeit war sehr anstrengend, er hatte während vieler Jahre, Wochen lang Tag und Nacht gearbeitet, indem er sich erst gegen Morgen einige Stunden Schlaf erlaubte. Er ass selten regelmässig und nahm sich wenig Zeit dazu. Schliesslich brach er zusammen und zog sich darauf von seiner Arbeit zurück.

Vor drei Jahren merkte er auf einmal, dass er auf der linken Seite der Brust kein Gefühl hatte. Er fühlte sich zur selben Zeit gar nicht wohl und glaubte, sein Herz wäre nicht in Ordnung. Er konsultierte Dr. Ramsgill in London und wurde unter dessen Behandlung sehr viel besser.

Während der letzten zwei oder drei Jahre bemerkte seine Frau dann und wann, dass sein Gang eigentümlich war, besonders wenn er bergab ging, und er selbst dachte auch, dass etwas nicht mit ihm in Ordnung wäre.

Während der letzten zwei Jahre hat die Geschlechtsfunction allmälig abgenommen.

Vor ungefähr zwölf Monaten bekam der Kranke zum ersten Mal Schmerzen in den Beinen und glaubte, dieselben wären rheumatisch. Die Schmerzen waren sechs oder sieben Wochen sehr heftig, während der ersten fünf Nächte konnte er überhaupt nicht schlafen und vierzehn Tage lang konnte er nicht die geringste Berührung der Beine vertragen.

Der Patient fand, dass er nach den Schmerzen in den Beinen weniger sicher auf den Füssen war, dass es ihm schwer fiel, im Dunkeln zu gehen, dass er unsicher stand, wenn die Augen zu waren, wie z. B. wenn er sich das Gesicht wusch oder abtrocknete, dass es ihm immer schwerer wurde, eine Treppe hinauf oder in einem Zimmer zu gehen, wo mehrere Leute waren.

Dr. Barnard Holt, konsultierender Chirurg am Westminster Hospital in London, riet ihm, zu mir in Behandlung zu kommen, welches er am 11. Dec. 1893 that.

Gegenwärtiger Zustand. Der Patient ist ziemlich stark, geht unsicher, mit den Füssen weit auseinander und muss sich auf einen Stock stützen; der Gesichtsausdruck ist niedergeschlagen und müde; er wird leicht erschöpft und kann nicht weiter als hundert Meter gehen, ohne zu fühlen, dass es ihm zu viel ist. Wenn er eine Treppe hinaufgeht, muss er sich fest auf seinen Stock stützen und sich mit der anderen Hand am Geländer hinaufziehen, beim Heruntergehen hat er durch die Unsicherheit seines Ganges Schwierigkeiten.

Er kann nicht mit geschlossenen Augen und den Füssen zusammen stehen, ohne zu schwanken und zu fürchten, dass er fällt. Er hat das Gefühl, als ob er Polster unter den Füssen hätte.

Hat in den Füssen ein taubes Gefühl und er spürt nicht, wenn er sie oder die Zehen bewegt.

Die Tastempfindung ist in den Füssen und dem unteren Teil der Waden geschwächt.

Er kann nicht mit Sicherheit spitze von stumpfen, heisse von kalten Gegenständen unterscheiden.

# FÄLLE ZUR ERLÄUTERUNG DER BEHANDLUNG. 143

Die Pupillen sind zusammengezogen und reagieren dem Lichte nicht. Die Schmerzen in den Beinen treten nicht so oft auf und sind nicht so heftig wie zuerst. Hat keine Gürtelschmerzen gehabt.

Patellarreflexe und Cremasterreflexe sind verschwunden.

Die Geschlechtsfähigkeit beinahe vollständig verloren, niemals Spermatorrhoea. Der Körper ist mit Narben bedeckt.

Elektrische Versuche wurden nicht gemacht.

Behandlung und Verlauf. Die Bewegungen, die gegeben wurden, waren Pétrissage der Armmuskeln, Beugen und Strecken der Arme bei Widerstand und von Frictionen über die verschiedenen Armnerven gefolgt. Pétrissage der Beinmuskeln, Rollen der Beine (Fig. 52), Frictionen über die Nerven der Beine; Beugen und Strecken der Kniee (Fig. 57) von Tapotement über den Kreuzbein-, Gesäss- und Dammgegenden begleitet (Fig. 12, 15, 16), Frictionen über die sensiblen Rücken-, Lenden- und Kreuzbeinnerven und die auf dem hinteren Teil der Beine, von Tapotement gefolgt, während der Patient auf dem Bauche lag (Fig. 10); Vorwärtsbiegen (Fig. 55); dem Patienten wurde dabei zuerst erlaubt, sich über eine Barre zu biegen, um ihm Sicherheit zu geben; Drehen des Rumpfes (Fig. 68); Rollen der Füsse, Beugen und Strecken derselben mit Widerstand und von Frictionen über die Fusssohlennerven und Tapotement auf der Fusssohle gefolgt; Pétrissage des Unterleibes im allgemeinen von Frictionen über den Plexus hypogastricus gefolgt; Frictionen über die Nerven des Kopfes und Halses und Vibrationen auf dem oberen Teile des Augapfels. Patient wurde einmal am Tage behandelt. Zu Anfang ruhte er sich nach jedem Male aus, aber später konnte er den ganzen Tag herum sein, ohne sich ermüdet zu fühlen.

Als er nach zwei Monaten, am 14. Febr. 1894, mit der Behandlung aufhörte, hatte die folgende Besserung stattgefunden.

Die Schmerzen in den Beinen wurden während des letzten Monats selten gefühlt. Das taube Gefühl in den Füssen war nur, nachdem der Patient viel gegangen war, vorhanden; er hatte vollständiges Bewusstsein der Bewegungen der Zehen und Füsse; der Patient fühlte, wann und wo er berührt wurde; die Empfindung war nicht mehr gestört; er wusste genau, ob man ihn mit stumpfen oder scharfen, heissen oder kalten Gegenständen berührte.

Der Patient stand fest und fühlte den Boden gut unter den Füssen, brauchte sich nicht mit einer Hand festzuhalten, wenn er das Gesicht wusch oder abtrocknete. Konnte ohne Hülfe eines Stockes die Treppe hinauf und geradeaus gehen; ging nicht mit den Füssen auseinander, sondern führte bei jedem Schritt den einen Fuss dicht am anderen vorbei.

Er ist während des letzten Monats den ganzen Tag herumgewesen, ohne sich dadurch schlechter zu fühlen.

Die Pupillen reagieren dem Lichte gut.

Der Patellarreflex ist nicht zurückgekehrt, aber der Cremasterreflex ist bis zu einem gewissen Grade wieder vorhanden und die Geschlechtsfähigkeit lässt nichts zu wünschen übrig.

Der Patient sieht sehr wohl aus und soll sich nach drei Monaten noch einmal einen Monat lang behandeln lassen.

Die folgenden zwei Tatsachen werden ebenfalls dazu dienen, die Verbesserung zu zeigen. Eines Morgens, während der letzten 14 Tage seiner Behandlung, sprang der Patient auf seinem Wege zu mir von einem Omnibus, der in voller Bewegung war; als er am letzten Tage zu mir kam, zeigte er mir, nachdem ich ihn noch einmal untersucht hatte, dass er auf einem Beine stehen und das andere, ohne das Gleichgewicht zu verlieren, über die Lehne des Stuhles vor meinem Schreibtisch schwingen konnte.

Am 11. Mai schrieb er mir, dass sich sein Zustand in keiner Weise verschlechtert, sondern sich im Gegenteil verbessert hätte; er konnte zwei bis drei englische Meilen gehen und ausserdem mehrere Stunden in seinem Garten herumsein, ohne Müdigkeit zu fühlen. Manchmal bekam er die alten Schmerzen in den Beinen, aber sehr selten und lange nicht so heftig wie früher.

Er kam am 23. Mai wieder in Behandlung und sah merkwürdig frisch und wohl aus; aber nach vierzehn Tagen hatte er das Unglück, beim Hinuntergehen auf einer Treppe auszurutschen und die Achillessehne des rechten Fusses zu zerreissen. Da hierfür Ruhe erforderlich ist und er dieselbe zu Hause am besten haben kann, verliess er London am 8. Juni.

Die Erschütterung des Unfalls hatte keinen schlechten Einfluss auf das allgemeine Befinden des Patienten. Es kann aber sein, dass die Untätigkeit, zu der er jetzt gezwungen ist, nachteilig auf seinen Zustand wirken wird, weil ich gefunden habe, dass vollständige Ruhe, die so viele Aerzte empfehlen, schlecht und dass Bewegung, soviel sie der Zustand erlaubt, gut ist.

## XV. Gicht.

I. Herr —e—, zwischen 45 und 50 Jahre alt, hatte vor zwanzig Jahren den ersten Gichtanfall, seitdem war er der Krankheit mehr oder weniger unterworfen. Die Zeit zwischen jedem Anfall war verschieden. Einmal war er sogar mehrere Jahre frei davon. Letzthin sind die Anfälle öfter aufgetreten und haben länger angehalten.

Ganz zu Anfang war jeder Anfall von grossen Schmerzen begleitet, während dieselben später nicht so heftig auftraten.

Die längeren Anfälle der letzten Jahre waren zuerst nicht von erhöhter Temperatur begleitet, aber später, als der Körper mehr geschwächt war, war jeder neue Anfall von Fieber begleitet.

Der Patient hat die Gicht vom Vater, der sehr viel daran gelitten hat, geerbt.

Er litt in früheren Jahren viel an neuralgischen Kopfschmerzen.

Der Kranke ist auf die übliche Weise behandelt worden, hat verschiedene Bäder wie Karlsbad, Kissingen, Homburg besucht u. s. w. Am 19. Februar 1894 kam er zu mir.

Gegenwärtiger Zustand. Am 1. September des vorigen Jahres bekam der Patient, als er in der Nacht von Vlissingen nach Queenboro fuhr, einen Gichtanfall. Von der Zeit an ist er nie wohl gewesen, indem ein Anfall dem anderen mit zunehmender Heftigkeit schnell folgte und ihn immer erschöpfter zurückliess. Manchmal konnte er ins Geschäft gehen, dann musste er wieder zu Hause bleiben und sehr oft das Bett hüten.

Der Patient sieht blass und dünn aus; hat seit September sehr an Gewicht verloren; leidet an Magenkatarrh und hat seit Jahren nicht ohne künstliche Mittel Stuhlgang gehabt. Geht ungeschickt, weil die Knöchelgelenke und teilweise auch die Knice steif sind. Die Füsse vom grossen Zehen ab und die Knöchelgelenke sind geschwollen; das linke Knie ist bedeutend geschwollen. Es ist weder Röte noch viele Empfindlichkeit an diesen Stellen vorhanden. Die Füsse sind mit grossen Schweisstropfen bedeckt. In den Knöchelgelenken ist die Bewegung etwas beeinträchtigt und bei Bewegung der Füsse knacken sie.

Die Finger und das Handgelenk auf der linken Seite sind nur wenig steif.

Behandlung und Verlauf. Der Patient fing am 20. Februar mit der Behandlung an. Sie bestand aus Pétrissage der Arme und Beine und besonders der angegriffenen Teile, andere passive und active Bewegungen wurden auch sofort gegeben; Frictionen über die Nerven des Rückens, von Tapotement gefolgt, wobei grosse Empfindlichkeit in der Lendengegend vorhanden war; Tapotement über der Lendengegend, während der Patient sich vorwärts beugte und sich wieder aufrichtete (Fig. 55), und zuletzt allgemeine Pétrisage des Unterleibes, mit besonderer Behandlung des Magens für den Katarrh, des Kolons u. s. w., Erschütterungen der Leber für die Verstopfung. Es wurden abwechselnd mit der Pétrissage der angegriffenen Teile tiefe und langsame Streichung gegeben.

Die Geschwulst des Knies nahm sehr schnell ab, aber nach ein paar Tagen fing der rechte grosse Zeh an, Beschwerden zu geben. Das war der Anfang einer ganzen Reihe akuter Anfälle, welche nicht eher aufhörten, als bis jedes Glied, welches schon früher eingeschlossen gewesen war, angegriffen wurde. Die Temperatur stieg bei jedem neuen Angriff bis $100°$ und $100{,}8°$ F.

Die Anschwellung und die Röte waren intensiv und der Schmerz heftig. Der Patient schwitzte viel am ganzen Körper und von den Füssen lief der Schweiss geradezu herunter. Er war sehr verstopft, morgens und mittags hatte er mässigen Appetit.

Vom 3. März an wurde der Patient regelmässig alle Abende zu Hause behandelt. Ich gab wie vorher allgemeine Pétrissage der Extremitäten, indem ich die entzündeten Teile einer besonderen Behandlung unterwarf, allgemeine Pétrissage des

# FÄLLE ZUR ERLÄUTERUNG DER BEHANDLUNG.

Unterleibes, Frictionen über die Nacken- und Kopf- und Rückennerven.

Jeden Abend, wenn ein neues Gelenk entzündet war, hatte ich die Befriedigung, ehe ich den Patienten verliess, zu hören, dass der Schmerz nachgelassen, und als ich am nächsten Tage zurückkehrte, dass er eine gute Nacht gehabt hatte.

Es ist selbstredend, dass wenn man eine entzündete Geschwulst, wie die, mit der man bei Gicht zu thun hat, behandelt, man die Behandlung oberhalb der Geschwulst anfangen muss; man muss sie mit sehr leichter Hand geben, jede einzelne Knetbewegung muss langsam und mit weicher Hand gegeben werden und der Arzt muss den Teil, der bearbeitet wird, vollständig in seiner Gewalt haben, so dass nicht die geringste Nebenbewegung im entzündeten Gelenke stattfinden kann.

Die Glieder wurden in nachfolgender Reihenfolge angegriffen: Der rechte grosse Zeh nebst Fuss und Knöchelgelenk, rechtes Knie, linkes Knie, linker grosser Zeh nebst Fuss- und Knöchelgelenk, rechter Ellbogen, linkes Handgelenk. Der Anfall im letztgenannten Gliede war, was Schmerzen anbetrifft, am heftigsten, es blieb am längsten empfindlich und steif.

Kaum hatte die Entzündung in einem Gliede nachgelassen, so fing sie in einem anderen von neuem an. Sie waren alle bis zum 10. März angegriffen und von der akuten Entzündung befreit worden, also in acht Tagen.

Der Patient wurde noch während zwei Wochen zu Hause behandelt, da es ihm schwer wurde, sich viel zu bewegen und er zu erschöpft war, den dreiviertel Stunden weiten Weg bis zu meinem Hause zu machen.

Der Zustand des Patienten wurde beständig besser mit Ausnahme zweier Anfälle im linken Knie. Der erste fand am 7. Mai statt und war von geringem Fieber begleitet, der zweite am 16. April, aber ohne Fieber, indem das Knie nur anschwoll.

Er ging vom 27. März ab regelmässig jeden Tag, nachdem er behandelt worden war, ins Geschäft.

Als er nach zwei und einem halben Monat am 5. Mai mit

der Behandlung aufhörte, fühlte er sich sehr wohl, er konnte mehrere Stunden ohne Schwierigkeit und ohne sich müde zu fühlen gehen, sein Magen war wieder in Ordnung und er litt nicht mehr an Verstopfung.

II. Frau —y, 45 Jahre alt, hat mehrere Jahre an Gicht gelitten. Sie konsultierte mich am 25. Juni 1892.

Ist nach der üblichen Weise behandelt worden, war in Karlsbad, Wiesbaden, Aix-les-Bains u. s. w., im letztgenannten Ort im vorigen Jahre, kam aber schwächer zurück. Sie hält die rechte Schulter viel höher als die linke und hält sie steif; kann den rechten Arm wegen der Schmerzen im Schultergelenk nicht bewegen. So ist es seit einem Jahre oder mehr gegangen. Das Gelenk ist nicht geschwollen, aber sehr empfindlich. An der Verbindung zwischen der fünften und sechsten Rippe mit ihren respectiven Knorpeln befinden sich rundliche und schmerzhafte Anschwellungen. Sie leidet an Verdauungsbeschwerden, fast gänzlichem Verlust des Appetits auch an Verstopfung.

Sie fing am 27. Juni mit der Behandlung an. Dieselbe bestand aus Pétrissage der Schulter und anderen passiven Bewegungen für das Schultergelenk, aktiven Bewegungen für dasselbe; Pétrissage der Anschwellungen am Verbindungspunkt der fünften und sechsten Rippe mit ihren Knorpeln; Bewegungen zur Erweiterung der Brust; einigen Bewegungen um die abnorme Haltung der rechten Schulter zu verbessern; für das allgemeine Befinden Frictionen über die Rückennerven, von Tapotement gefolgt; allgemeine und besondere Pétrissage des Unterleibes, von Erschütterungen der Leber begleitet, für die Verdauungsbeschwerden und die Verstopfung.

Die Patientin wurde einmal täglich behandelt. Am 10. Juli musste ich nach Baden-Baden reisen, aber die Kranke setzte die Behandlung mit meinem Assistenten, Herrn Wilcke fort, und zwar mit dem Resultat, dass sie am 27. Juli den Arm normal nach allen Richtungen hin bewegen konnte, sie trug die rechte Schulter nicht höher als die linke, die Geschwülste am Verbindungspunkt der fünften und sechsten Rippe mit ihren Knorpeln waren verschwunden und schmerzten nicht mehr, der Appetit war gut, keine Verstopfung. Patientin hat seitdem keinen Gichtanfall wieder bekommen.

## XVI. Lupus erythematosus.

Fräulein —c—, 22 Jahre alt, kam in der ersten Woche vom April 1890 zu mir, wegen allgemeiner Schwäche und Bleichsucht, in Behandlung. Sie hatte auf jeder Backe einen hochroten Fleck, welche sich über dem Nasenrücken vereinten. Diese Röte hatte vor vier Jahren begonnen und allmälig zugenommen, bis sie jetzt die Form eines Schmetterlings bekommen hatte. Die Haut war über diesen Teilen verdickt und erhöht, am unteren Teil auf jeder Seite konnte man kleine Narben sehen, besonders auf der rechten Backe; hier und da konnte man auf der Stirn und im Gesicht im allgemeinen kleine Flecken sehen, aber sie hatten keine so hochrote Färbung. Schorf war nicht vorhanden, nur feine, weisse Schuppen, die aber an manchen Tagen auch nicht da waren, weil die Patientin oft sehr energisch Waschwässer brauchte.

Zuerst wollte sie mir nicht erlauben, etwas für ihr Gesicht zu thun, weil sie gerade ein neues Heilmittel zu gebrauchen begonnen hatte. Wir kamen überein, dass wenn nach vierzehn Tagen keine Besserung stattgefunden hätte, sie mit dem medicinischen Mittel aufhören und mir erlauben sollte, die manuelle Behandlung zu versuchen. Als die Zeit vorüber war und die Flecke auf den Backen und der Nase eher noch röter geworden waren, fing ich sofort an.

Meine Behandlung bestand nur aus leichter Pétrissage der Haut. Auf den Backen nahm ich ein kleines Stück Haut nach dem anderen zwischen den Daumen und den Zeigefinger und rollte und knetete es sehr vorsichtig, danach legte ich die innere Seite meiner Hand über die angegriffene Stelle und gab einige langsame und ruhige Knetungen. Auf der Nase brauchte ich die Fingerspitzen in ziemlich ähnlicher Weise.

Die Behandlung wurde drei Wochen fortgesetzt, wonach das Gesicht vollständig von den Flecken befreit war und keine

Spur bis auf die Narben, die sich auf den unteren Winkeln der Backen befanden, davon gesehen werden konnte. Die Haut war ebenso weich und weiss, wie sie vor der Krankheit gewesen war.

Eigentümlich war es, dass während ich sie behandelte, dann und wann sehr kleine, weisse, oberflächliche Pusteln erschienen, um welche die Röte aber nicht gesteigert war. Dieselben verschwanden von einem Tage bis zum anderen, und liessen eine kleine vollständig klare Fläche zurück, auf der die Haut ganz normal zu sein schien. Diese vereinigten sich und bildeten grössere Flächen ohne jegliche Röte, zur selben Zeit verschwand die Entfärbung im allgemeinen. Die Stellen, die am hartnäckigsten anhielten, waren die auf dem Nasenrücken und der unteren Spitze der Flecke auf den Backen.

## XVII. Ischias.

1. Joseph Scropac, 23 Jahre alt, zog sich am 18. Juni 1888 Gonorrhöe zu. Am 5. Juli stellte sich Cystitis ein; 2. August Schmerzen in der linken Gesässgegend; 28. August Conjunctivitis (linkes Auge); 29. August Ciliar-Injection; 31. August Oedema der Augenlider; 1. Sept. Iritis mit Bluterguss in der vorderen Kammer und Trübung der Hornhaut; 5. Sept. nahm der intraoculäre Druck ab; 8. Sept. Schmerzen im linken Bein; 20. Sept. im linken Knöchel; 5. Oct. Schmerzen im Nacken.

Der Patient sagt, dass, wenn der Schmerz in den Augen zunimmt, er auch im Beine schlimmer wird. Den 15. Oct. nahm die Ciliar-Injection ab, am 22. Oct. waren die Hals- und Leistendrüsen geschwollen und auf den Mandeln zeigten sich weisse Flecke. Dagegen wurden Quecksilbersalbe und Jodkali verordnet.

Am 6. Dec. klagte der Kranke über Schmerzen im linken Hüftgelenke und das besonders in der Mitte zwischen dem Trochanter major und dem Tuber ischii; ferner über Muskelschwäche, die beim Gehen ein Watscheln nach der linken Seite zu verursachte. Wenn er auf der rechten Seite lag, konnte er das linke Bein nicht im geringsten ohne Hülfe heben.

# FÄLLE ZUR ERLÄUTERUNG DER BEHANDLUNG.

Auf dem linken Auge bestand Pupillarstarre; Linsentrübung; er konnte kaum die Finger in einer Entfernung von zwei Metern zählen. Am Seitenrande der Hornhaut war geringe Ciliar-Injection.

Am rechten Auge waren die Papille und ihre Umgebung gerötet und konnten kaum von einander unterschieden werden. Keine Schmerzen; Sehkraft gut. Die Behandlung begann am 6. Dec.

Verlauf. 10. Dec. Kein Schmerz, aber Schwäche im Bein, die das Gehen erschwert, Ciliar-Injection gehoben.

14. Dec. Geht gerader.

17. Dec. Geht gut, sieht viel besser aus; kann fast ebenso viel Widerstand mit dem kranken wie mit dem gesunden Bein leisten.

18. Dec. Von der Ischias geheilt entlassen.

Behandlung. Der Kranke lag auf dem Bauche (Fig. 5). Einige Minuten lang wurden Frictionen über den grossen Ischiadicus gemacht, da, wo er zwischen dem grossen Trochanter und dem Tuber ischii verläuft. Der Nerv wurde in seinem Laufe bis unten in die Kniekehle verfolgt, Frictionen wurden ebenfalls über die sensiblen Nervenäste, die aus den hinteren Kreuzbeinlöchern heraustreten, gemacht.

Gegen die Muskelschwäche wandte ich Pétrissage und active und passive Bewegungen an. (Fig. 69, 70, 71.)

Für die Augen gab ich Vibrationen auf den Augen selbst; Frictionen und Vibrationen über den sensiblen Aesten des fünften Kopfnerven, die an der Augenhöhle austreten, und zuletzt Frictionen am Auge selbst. (Fig. 21, 32, 36, 40.)

II. J. Slobec, Aufseher am Marinearsenal in Pola, 47 Jahre alt, erkältete sich stark am 5. Februar 1889. Er musste wegen Schmerzen im linken Bein das Bett hüten und wurde vierzehn Tage zu Hause medicinisch behandelt. Dann wurde er in das Hospital überführt und kam am 22. desselben Monats in meine Behandlung.

Der Kranke war sehr gross, sah verstört und mager aus. Er litt an durchdringenden Schmerzen im linken Bein. Dieselben gingen von der Gesässgegend bis in den Hacken und die Fusssohle herunter.

Er hatte Tag und Nacht beständig Schmerzen, so dass er nicht schlafen konnte. Es war ihm unmöglich, auf dem linken Fuss zu stehen, er hielt ihn nach vorn und berührte den Boden nur mit den Zehen, das Knie hielt er gebogen und die Gesässgegend eingezogen.

Er konnte sich nicht zu seiner ganzen Grösse aufrichten. Der Schmerz wurde beim Stehen schlimmer. Er konnte nur mit der grössten Schwierigkeit von dem Kranken- nach dem Operationszimmer gehen und dann brauchte er in der einen Hand einen Stock und auf der anderen Seite wurde er von einem Krankenwärter gestützt. Er konnte nur sehr kleine Schritte nehmen. Die Haut schälte sich in grossen Stücken über der Gesässgegend ab, was durch die vorher gebrauchte, starke Anwendung von Jodtinctur verursacht worden war. Frictionen über den grossen Ischiadicus in der Gesässgegend und in seinem ganzen Verlaufe verursachten einen heftigen Schmerz.

Die linke Gesässgegend war eingesunken, die Muskeln lose und schwach.

Verlauf. Ich behandelte ihn sofort. Die Schmerzen hatten bedeutend nachgelassen, nachdem ich die Behandlung achtzehn Minuten lang fortgesetzt hatte.

23. Febr. Am Tage vorher war er bis 6 Uhr abends fast frei von Schmerzen, aber auch dann und in der Nacht wurden sie lange nicht so heftig wie sonst; er schlief daher ein paar Stunden; das Gehen wurde ihm leichter.

24., 25. Febr. nicht behandelt.

26. Febr. Die Besserung vom 23. hält an.

27. Febr. Patient hat sich gestern viel besser gefühlt und schlief in der Nacht gut. Nach der Behandlung ging er ohne Beistand fort und hielt sich ziemlich gerade. Er brauchte das linke Bein ordentlich.

1. März. Er fühlt am Tage, wenn er sich ruhig verhält, gar keinen Schmerz, aber wenn er geht, fühlt er etwas in der Gesässgegend. Geht mit langen Schritten; fühlt sich im Hüft-

gelenk etwas schwach und wagt daher nicht viel zu gehen; hält sich gerader; kann eine lange Zeit stehen, ohne Schmerzen zu empfinden, schläft ebenso gut, wie wenn er gesund ist.

4. März. Gestern ging er zwanzig Minuten am Vormittag und zwanzig Minuten am Abend hintereinander spazieren, ohne irgend welche Schmerzen zu spüren.

6. März. Kann ohne Stock mit langen Schritten gehen. Ging ungefähr eine Stunde.

7. März. Fing mit den activen Bewegungen an.

9. März. Ging gestern eine Treppe hinunter und eine Stunde am Vormittag und eine am Nachmittag spazieren; hatte danach am Abend etwas Schmerz, der aber bald verschwand. Wenn er Treppen steigt, fühlt er in den Gesässmuskeln der linken Seite Schwäche.

11. März. Gestern ging er ziemlich viel umher, auch zwei Treppen hinauf und hinunter. Er fühlte die Schwäche noch in der Gesässgegend, aber die Schmerzen kehrten nicht mehr zurück.

18. März. Am Sonnabend war er zu Hause auf Besuch gewesen und den Sonntag über dort geblieben. Er hat sich während der ganzen Zeit wohl gefühlt. Nur hatte er eine Art Prickeln in der Wade, als er mehrere Stunden spazieren gegangen war. Die Schwäche in der Gesässgegend ist jetzt so unbedeutend, dass sie kaum Beschwerde verursacht.

19. März. Ging gestern sechs Stunden lang in der Stadt umher, zeitweise bergan; keine üble Folgen; schlief gut, fühlte keine Schwäche in der Gesässgegend. Die Muskeln haben ihre Elasticität wiedergewonnen.

22. März. Ging am 20. sechs Stunden und am 21. sieben Stunden, beide Male teilweise im Regen ohne irgend welche schlimme Folgen.

23. März. Erkältete sich wieder, wodurch das linke Bein von Zittern befallen wurde. Er fühlte in der Gesässgegend und in der Kniekehle einen leichten Schmerz. Doch ging dies rasch vorüber, als er sich etwas ausgeruht hatte, und heute Morgen war er so wohl wie je.

28. März. Seit dem 23. ist er nicht behandelt worden. Ist täglich zwischen sieben und neun Stunden gegangen und fühlte sich die ganze Zeit über wohl.

Der Patient ist bei den Wasserwerken im Arsenal angestellt und diese Stellung zwingt ihn zu vielem Gehen, da seine Arbeiter nicht nur in verschiedenen Teilen des Gebäudes, sondern auch in der Stadt beschäftigt sind.

Fig. 72.

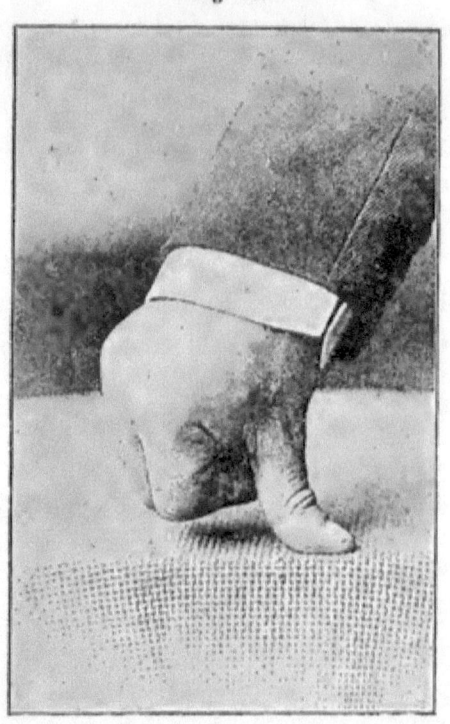

Heute (28.) behandelte ich ihn zum letzten Male. Ich bin ihm seitdem in der Stadt begegnet und er sagte mir, dass er sich wohl fühle. An einem Tage hatte er sogar elf Stunden zu gehen gehabt.

Behandlung. Da ich die grosse Wirkung schon beobachtet hatte, die in Fällen von traumatischem und rheumatischem Lumbago durch Vibrationen über den schmerzhaftesten Stellen hervorgebracht wurde, beschloss ich, diese Art der Behandlung hier anzuwenden und sie auf ihre Wirksamkeit hin zu prüfen. Bei dem ersten der beiden obenerwähnten Fälle von Ischias und auch vordem hatte ich immer Frictionen angewandt, aber sie verursachten zur Zeit der Anwendung mehr Schmerzen. Dieser Mann litt so sehr, dass ich nicht ohne die zwingendste Notwendigkeit dazu greifen wollte.

Der Kranke lag auf dem Bauche, das linke Bein über das rechte gekreuzt, wie in Fig. 5. Dann setzte ich das Daumenglied (das Hemd lag zwischen diesem und der Haut) über den grossen Hüftnerv, gerade da, wo er aus dem Becken austritt, und gab am ersten Tage achtzehn Minuten und am folgenden Tage fünfzehn Minuten lang Vibrationen. Die gute Wirkung dieses Verfahrens zeigte sich bald. Einmal täglich behandelt. Die activen Bewegungen, die ich anwandte, werden in Fig. 57, 58 und 70 gezeigt.

Der Kranke wurde nicht am 24. und 25. Februar und am 3., 16., 17., 24., 25., 26. und 27. März behandelt. Es waren also nur sechsundzwanzig Behandlungen nötig, um das erwähnte Resultat zu erzielen.

## XVIII. Traumatisches Lendenweh und Ischias im rechten Beine.

Herr E., 38 Jahre alt, wurde im Mai 1887 von einem Unfall betroffen, indem sein Pferd im Augenblick, als er es besteigen wollte, scheute, der Steigbügel riss und er fast abgeworfen wurde. Er fühlte zur Zeit unten im Rücken einen Schmerz und dieser wurde während der nächsten drei oder vier Tage immer heftiger. Derselbe dehnte sich allmälig bis unten in die Beine aus, besonders in das rechte, und er hatte ein Gefühl von Hitze im Becken. Er hatte sich einer ungefähr fünf Wochen langen Massagebehandlung in Gothenburg unterworfen und wurde nach und nach besser. Während seiner Krankheit fuhr er fort täglich mehrere Stunden zu reiten.

Aber im October 1887 stellte sich derselbe Schmerz wieder ein, als er mit einem plötzlichen Ruck seinen Reitstiefel anziehen wollte. Diesmal blieb der Schmerz ungefähr vier bis fünf Stunden lang auf seinem Höhepunkt. Er wurde abermals in Gothenburg zwei Monate mit Massage behandelt, bis er wieder gesund war.

**Gegenwärtiger Zustand.** Am 8. Februar 1888 hob er ein sehr schweres Gewicht. Er fühlte in der Lendengegend an derselben Stelle wie vorher etwas Schmerz und dieser nahm bis Dienstag den 14. zu, als der Kranke nur mit grosser Mühe gehen, den Rücken bewegen oder stehen konnte. Blieb er nur eine kurze Zeit in derselben Stellung (wie Stehen, Sitzen oder Liegen), so konnte er sie nur mit der grössten Schwierigkeit und den heftigsten Schmerzen verändern.

Das rechte Bein konnte nicht ordentlich im Kniegelenk gestreckt werden. Die Neuralgie des Ischiadicus war heftig und stechend und besonders in der Gesässgegend, zwischen dem grossen Trochanter und dem Tuber ischii, in der Kniekehle und hinten am Beine, etwas nach der inneren Seite zu fühlbar. Ein Kältegefühl, welches nach beiden Seiten hin vom Steissbein aus über die Gesässgegend ausstrahlte, war auch vorhanden. Die sensiblen Nerven über dem Kreuzbein waren gegen Druck sehr empfindlich.

**Verlauf.** Am Dienstag den 14. fing ich ihn an zu behandeln. Der Schmerz wurde nach der Behandlung gelindert; aber am Abend erkältete er sich und der Schmerz wurde heftiger als je.

15., 16., 17. Februar. Zweimal an jedem dieser Tage behandelt. Am letzten war er wieder so weit hergestellt, dass er den ganzen Abend ausgehen konnte.

26. Februar. Die Schmerzen im Rücken waren fast verschwunden. In dem Ischiadicus und den anderen Zweigen des sacralen Nervenplexus kehrten sie aber noch nach weiten Spaziergängen zurück.

3. März. Die Steifheit im Beine ist ganz fort. Kann ohne Beschwerde und Schmerz gehen.

10. März. Am 4., 5., und 6. war er verreist und während der Zeit viel gegangen, wobei er sich aber vollständig wohl gefühlt hatte. Als er zurückkam, setzte er noch eine Woche mit der Behandlung fort.

Behandlung. Der Patient ist einmal täglich (den 15., 16. und 17. Februar ausgenommen) behandelt worden. Ich gab Frictionen über den Ischiadicus und die sensiblen Zweige der Kreuzbeinnerven; Pétrissage über der Lendengegend und Vibrationen über den empfindlichen Stellen.

Active Bewegungen vom ersten Tage an wie in Fig. 57, 58, 71.

Die in Fig. 57 gezeigte Uebung musste zuerst auf dem Fussboden gemacht werden, die Zehen an der Wand fixiert; doch am Schluss der Behandlung wurde sie in normaler Höhe vorgenommen, mit dem Hacken so hoch wie das Gesäss.

## XIX. Rheumatisches Lendenweh.

F., 32 Jahre alt, Capitän in der Kaiserl. österreichischen Kriegs-Marine, hatte sich nach einem Dampfbade am 15. Dec. 1888 erkältet. Am 17. kam er in das Marine-Hospital.

Er klagte über Schmerzen in der ganzen Lendengegend, die sich über die Gesässgegend ausbreiteten. Bei der Untersuchung stellte sich heraus, dass der Schmerz am grössten in der Höhe des Querfortsatzes des vierten Lendenwirbels war. Er konnte sich nicht allein ausziehen, nicht gerade gehen oder seinen Rücken beugen. Er hatte über ein Jahr mehr oder weniger an Rheumatismus gelitten.

Verlauf. Nach der ersten Behandlung konnte sich der Patient frei bewegen, und der Schmerz liess nach.

18. Dec. Gestern gegen Abend kam der Schmerz zurück, aber nicht so heftig wie vorher. Heute hörte er nach der Behandlung wieder auf.

19. Dec. Schmerzen kamen nicht wieder. Patient konnte nach der Behandlung über den Operationstisch springen.

20., 21., 22. Dec. Der Rücken war vollständig frei von Schmerzen; alle Bewegungen leicht. Behandlung hörte auf.

Am 21. klagte der Kranke über Schmerzen über dem metatarsophalangealen Gelenke des kleinen Zehs, worauf sich eine dunkelrote Anschwellung befand, welche einen Zoll lang und einen halben Zoll breit und sehr empfindlich war. Während der letzten paar Tage hatten wir sehr kaltes Wetter gehabt, wodurch diese Frostbeule hervorgerufen war. Nach der Behandlung, welche aus Pétrissage und Vibrationen bestand, wurden Schmerz und Spannung bedeutend verringert.

22. Dec. Keine Spannung. Schmerz nur bei starkem Druck.

Der Kranke wurde täglich einmal ungefähr eine Viertelstunde lang behandelt. Die Frostbeule ein paar Minuten lang.

## XX. Traumatisches Lendenweh.

Délise, 42 Jahre alt, Arbeiter im Marinearsenal in Pola, kam am 10. Februar 1889 in meine Behandlung.

Der Kranke hatte im Mai 1888 ein sehr schweres Stück Eisen aufgehoben und war unter dem Gewicht desselben zusammengebrochen. Darauf fühlte er etwas Schmerz in der Lendengegend. Er fuhr fort zu arbeiten, obgleich der Schmerz allmälig schlimmer wurde. Dazu hatte er sich erkältet und diese Erkältung setzte sich im Rücken fest. Da er in kurzer Zeit unfähig war, schwere Arbeiten zu verrichten, wurden ihm nur leichte gegeben.

Einige Wochen später, im Juni, konnte er auch diese nicht mehr verrichten, wegen der heftigen Schmerzen im Rücken, nicht nur, wenn er sich bewegte, sondern auch, wenn er sich ruhig verhielt. Er wurde von mehreren Aerzten in Pola sowie in Triest behandelt, aber keiner konnte ihm Linderung verschaffen. Im October 1888 kam er in das Marine-Hospital, und als er nach ein paar Wochen etwas besser wurde, verliess er es wieder.

Bald stellten sich die Schmerzen aber wieder in ihrer früheren Heftigkeit ein und sie wurden so stark, dass er nachts nicht schlafen konnte und seinen Appetit gänzlich verlor. Er kam in das Hospital zurück und man forderte mich auf, ihn zu behandeln.

Am 10. Februar war sein Zustand folgender:

Der Kranke sah sehr blass und abgezehrt aus; die Backen waren tief eingefallen; der Gesichtsausdruck war ein sehr leidender. Er klagte über heftige beständige Schmerzen in der Lendengegend, die sich nach unten über die Gesässgegend ausbreiteten. In der Nacht waren sie noch schlimmer und er hatte wenig Ruhe. Manchmal waren die Schmerzen so heftig, dass er laut schrie. Konnte nicht mehr als eine oder zwei Minuten nach einander stehen und hielt sich dann gebückt; war nicht im Stande, sich ohne Hülfe an- oder auszuziehen.

Als er auf dem Bauche auf dem Operationstische lag, hatte der obere Teil der Lendengegend beim ersten und zweiten Wirbel nicht die normale Krümmung, sondern war leicht nach rückwärts gebogen. An beiden Seiten dieser Stelle war der Schmerz bei Frictionen oder Druck am heftigsten. Auch sagte der Kranke, dass er hier, selbst wenn er nicht berührt würde, den meisten Schmerz fühlte. Er war auf beiden Seiten des Rückgrats in der ganzen Lendengegend ausserordentlich empfindlich. Die grossen Sitzbeinnerven waren bei Frictionen schmerzhaft.

Verlauf. 10. Febr. Da die Krankheit schon so lange gedauert hatte, behandelte ich ihn 25 bis 30 Minuten.

Der Schmerz hatte sich danach bedeutend verringert, aber die Reaction trat ein und er wurde so schwach, dass er nicht stehen konnte und heruntergetragen werden musste.

11. Febr. Während des vorigen Tages hatte sich der Kranke bedeutend besser gefühlt und sich grösserer Ruhe, als seit mehreren Monaten, erfreut, da sein Schlaf weniger gestört, auch der Schmerz viel geringer geworden war. Als derselbe sich in der Nacht wieder einstellte, versuchte er selbst meine Behandlung nachzumachen und bekam dadurch Erleichterung.

Als er das Zimmer verliess, machten mich die anderen Aerzte, die zugegen waren, auf seinen auffallend besseren Gang aufmerksam.

12. Febr. Hat die ganze Nacht durchgeschlafen. Der sich über die Gesässgegend ausbreitende Schmerz ist verschwunden und nur die ursprünglichen Stellen in der Lendengegend sind

schmerzhaft. Der Kranke sieht frischer aus und legte sich selbst ohne Mühe auf den Operationstisch.

13. Febr. Schlief gut. Schmerz nur beim Bewegen. Während der Nacht hat er nur im Rücken Empfindlichkeit gefühlt.

16. Febr. Schlief gut; während der Nacht vollständig frei von Schmerzen. Hat einen starken Appetit, den er so viele Monate nicht gehabt hat.

18. Febr. Fühlt nur bei raschen Bewegungen Schmerz. Begann mit den freien activen Bewegungen. Die Lendengegend hat die normale Krümmung.

26. Febr. Hat sich ohne Hülfe angezogen. Kann sich, mit den Armen nach oben ausgestreckt, ohne Beistand seitwärts und vorwärts biegen.

Der Schmerz, der durch Druck oder Frictionen verursacht wurde, ist bedeutend verringert. Er kann längere Zeit umhergehen, ohne sich schlechter zu fühlen.

5. März. Ist mehrere Tage lang nach dem Gehen ohne Schmerz geblieben; ist beinahe den ganzen Tag auf den Füssen; macht die activen Bewegungen täglich besser.

9. März. Sein Zustand hat sich so viel gebessert, dass er aus dem Hospital entlassen werden kann, doch sollte die Behandlung noch einige Tage fortgesetzt werden. Die activen Bewegungen gehen sehr gut. Beim Vorwärtsbeugen kann er den Fussboden mit den Händen berühren. Am Morgen thun ihm diese Bewegungen anfangs etwas weh, aber am Nachmittage, wenn er die Bewegungen allein bei sich zu Hause zu machen hat, fühlt er gar nichts.

16. März. Behandlung aufgehört. Er muss die activen Bewegungen aber zu Hause fortsetzen. Eine Woche später nahm er seine Arbeit im Arsenal wieder auf.

Behandlung. Bei rheumatischem und traumatischem Lumbago beschränke ich meine Behandlung immer auf die Stellen, die bei Frictionen am schmerzhaftesten sind.

Ich legte meine Hand, wie in Fig. 73 gezeigt wird; das erste Glied des Daumens auf die eine Seite des Rückgrats und

# FÄLLE ZUR ERLÄUTERUNG DER BEHANDLUNG. 161

diejenigen der Zeige- und Mittelfinger auf die andere, auf die
Stellen, die am meisten weh thaten. (Dabei muss beachtet werden,
dass die eigentlichen Fingerspitzen nicht gebraucht werden.)
Dann gab ich abwechselnd leichte Vibrationen und Frictionen
und in beiden Fällen liess ich freie active Bewegungen darauf
folgen, die einfach in Beugen und Wenden nach verschiedenen
Richtungen hin bestanden.

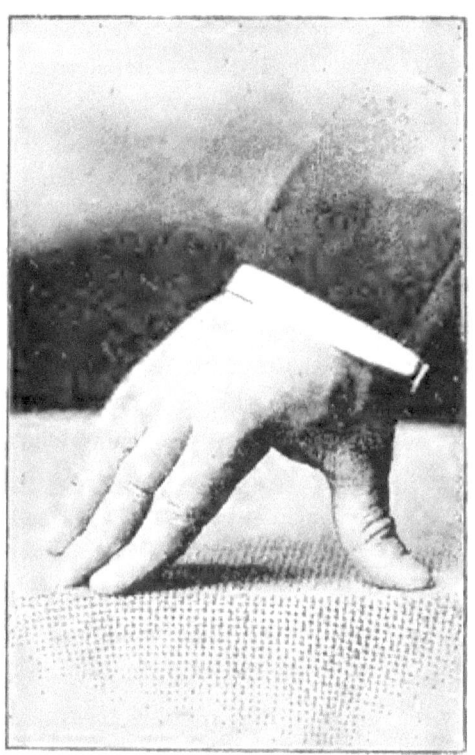

Fig. 73.

Wenn diese activen Bewegungen zuerst gemacht werden,
gebe ich immer, während der Kranke sich bewegt, am Sitz der
Schmerzen Pétrissage. Dieses lindert die Schmerzen und die
Bewegungen gehen dadurch besser.

Im zweiten Falle wurde der Patient mit Ausnahme des
ersten Tages einmal des Morgens zwanzig Minuten lang behan-

delt. Nachdem er die activen Uebungen angefangen hatte, musste er diese jeden Nachmittag wiederholen.

## XXI. Steifer Nacken und rheumatische Kopfschmerzen.

H. E., Arbeiter im Marine-Arsenal, 48 Jahre alt, kam am 15. November 1888 in das Marine-Hospital in Pola. Drei Monate vorher hatte er ein Fieber gehabt, nach welchem Steifheit im Nacken und heftige Kopfschmerzen zurückgeblieben waren; die letzteren im Hinterkopf. Steifheit und Kopfschmerzen nahmen allmälig zu. Die letzteren wurden etwas besser, wenn er sich auf den Rücken legte. Im Krankenhause wurde er mit Antipyrin und salicylsaurem Natron behandelt. Von ersterem hatte er im Ganzen ungefähr neun Gramm, von letzterem vierzig Gramm genommen.

Am 10. December 1888 kam er in meine Behandlung. Sein Kopf war zur Zeit nach allen Richtungen hin unbeweglich; die Kopfschmerzen im Hinterkopfe sehr ausgeprägt; die Nackenmuskeln bis nach den Schultern hin sehr empfindlich; manchmal ging der Schmerz sogar bis in die Arme hinunter. Die leichtesten Frictionen über die grossen Hinterhauptsnerven verursachten durchdringenden Schmerz.

Verlauf. Am obigen Datum begann ich mit der Behandlung. Der Kranke konnte nach der ersten Sitzung den Kopf ziemlich gut seitwärts, vorwärts und rückwärts bewegen.

11. Dec. Die Besserung des vorigen Tages hält an. Nach der Behandlung wird der Schmerz viel gelinder und die Bewegungen werden freier.

14. Dec. Behandlung und Bewegungen, die jetzt nach allen Richtungen hin normal gemacht werden, sind schmerzlos. Keine Kopfschmerzen.

15. Dec. Keine Behandlung.

16. Dec. Klagt über Sausen in den Ohren und Schmerzen vor denselben, über Empfindlichkeit des Sternocleidomastoideus und Empfindlichkeit und Knacken im Unterkiefergelenke.

17. Dec. Ohrensausen geringer, wie auch der Schmerz im Sternocleidomastoideus, der Schmerz vor den Ohren und das Knacken im Gelenk.

18. Dec. Ohrensausen beinahe fort. Nirgends Schmerzen.

19. Dec. Geheilt entlassen.

Behandlung. Der grösste Schmerz war an den Stellen, wo die hinteren Halsmuskeln sich an das Hinterhauptsbein ansetzen. Auf diesen Punkt richtete ich daher hauptsächlich meine Behandlung, die aus Pétrissage bestand. Die Muskeln selbst behandelte ich nur sehr wenig.

Auf Pétrissage folgten passive und active Bewegungen, wie in Fig. 47, 48, 62.

Zuletzt gab ich über den Hinterhauptsnerven leichte Vibrationen.

Das Sausen in den Ohren, der Schmerz vor denselben und das Knacken im Gelenk wurden mit Pétrissage und Frictionen über die Gesichts- und vorderen Ohrnerven behandelt.

## XXII. Sehnenscheidenentzündung.

K. K., Matrose, 22 Jahre alt, kam am 12. December 1888 in meine Behandlung. Sechs Tage vorher hatte sich Entzündung in den Sehnen der Extensores primi-internodii et ossis metacarpi pollicis eingestellt. Das Leiden war spontan aufgetreten. Die Sehnen waren da, wo sie in ihrer Scheide des Ligamentum annulare liegen, ungefähr 5 cm. lang, verdickt; starkes Knarren bei Bewegung; Schmerz bei Berührung und Bewegung.

14. Dec. Das Knarren noch vorhanden, aber nur in der Nähe des Gelenkes, nicht weiter oben. Schmerzgefühl nur am Morgen.

17. Dec. Das Knarren kann nirgends gehört oder gefühlt werden. Bewegungen auch am Morgen vollständig schmerzlos.

18. Dec. Geheilt entlassen.

Behandlung. Zuerst gab ich Pétrissage, nachher passive Bewegungen mit starker Streckung der kranken Sehnen; auf diese liess ich active Bewegungen mit Widerstand für die betreffenden Muskeln folgen.

Während ich Pétrissage gab, bog ich die Hand des Patienten stark nach der ulnaren Seite zu, um die Sehnen gestreckt und unbeweglich zu halten. (Fig. 74.) (Diese Massregel muss, wenn man Sehnen zu behandeln hat, immer genommen werden.)

Fig. 74.

Der Kranke wurde einmal täglich acht bis zehn Minuten behandelt.

### XXIII. Narbe auf der rechten Handfläche.

Lieutenant P. des Bataillons der Festungsartillerie in Pola, konsultierte mich am 14. December 1888. Vier Wochen vorher war er mit einer Spirituslampe gefallen und hatte sich dabei in die Hand geschnitten. Die Narbe fing ungefähr einen cm. unter dem rechten Handgelenk an und ging in Form eines Halbmondes über den Antithenar bis nahe der ulnaren Seite der Hand. Die Narbe war ungefähr sechs cm. lang, unbeweglich, eingezogen, an den Rändern verhärtet und erhöht.

Streckte er den Ringfinger aus, so wurde sie am Handgelenke bedeutend eingezogen. Hand und Vorderarm waren schwach, so dass der Kranke sie nicht gebrauchen konnte. Die Sensibilität des kleinen Fingers und der ulnaren Seite des Ringfingers war geschwächt. Friction des Nervus ulnaris rief keine Reaction an diesen Stellen hervor. Adduction des kleinen Fingers unmöglich.

# FÄLLE ZUR ERLÄUTERUNG DER BEHANDLUNG. 165

Die erste Behandlung wurde am 14. December gegeben, und danach fing das Gefühl im kleinen Finger an zurückzukehren.

15. Dec. Mehr Kraft in der Hand.

16. Dec. Narbe nicht eingezogen; Ränder weicher.

17. Dec. Wenn der Patient die Hand mit der Rückenfläche auf den Tisch legt, kann er den kleinen Finger adducieren. Narbe weniger eingesunken; das Einziehen der Narbe über dem Handgelenk beim Ausstrecken des Ringfingers ist kaum wahrnehmbar, Narbe in der Hand frei beweglich.

18. Dec. Am Handgelenk ist die Narbe von den darunter liegenden Teilen auf eine Länge von ungefähr dreiviertel cm. frei. Das Gefühl im Ring- und kleinen Finger sehr gebessert. Kraft in Arm und Hand normal.

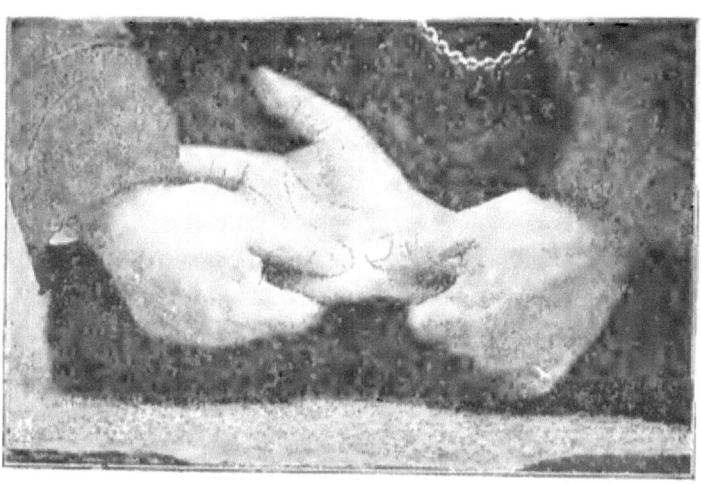

Fig. 75.

Behandlung. Ich gab über der erhöhten und verhärteten Umgebung der Narbe Pétrissage. Um sie von den darunter liegenden Teilen abzulösen, wurden die beiden Daumen in einer Entfernung von einem cm. in der Richtung der Narbe einander gegenüber gesetzt und bewegt. (Fig. 75.)

Natürlich musste sorgfältig darauf geachtet werden, dass die unter den Daumen liegenden Teile der Narbe mit bewegt wurden.

Die Schwäche im kleinen Finger war teilweise durch direkte Verletzung der Muskeln verursacht, teilweise auch durch die geschwächte Function des N. ulnaris.

Dass der Nerv gelitten hatte, sah man aus der Richtung der Narbe und aus der Tatsache, dass er nicht auf Frictionen reagierte.

Die Schwäche der Muskeln wurde mit Pétrissage und Widerstandsbewegungen behandelt. Gegen die Abschwächung der Sensibilität gab ich Frictionen über den Nervus ulnaris. Der Patient wurde einmal täglich eine viertel Stunde behandelt.

## XXIV. Quetschung des Gesichtes und Gehirnerschütterung in Folge eines Falles aus einem Wagen.

Frau A. A. C., ungefähr 50 Jahre alt, in London wohnend, wurde am Nachmittag des 7. August 1888 aus ihrem Wagen hinausgeschleudert, indem dieser mit einem schwer beladenen Fuhrwerk zusammen stiess. Sie fiel auf das Gesicht, wurde vom Fall betäubt und nach dem St. Thomas-Hospital gebracht, wo man Wiederbelebungsmittel anwandte. Allmälig kam sie zum Bewusstsein, und ihre Tochter, die sie begleitete, brachte sie dann zu mir. Während der Fahrt fühlte sie sich sehr schwindlig. Sie war auf die linke Seite des Gesichtes gefallen. Das Kinn hatte den härtesten Stoss erhalten, war sehr zerschlagen und hatte eine offene Wunde davongetragen. Die Unterlippe war an zwei Stellen von den Zähnen durchgeschnitten. Die grössten Anschwellungen befanden sich an den zwei erwähnten Stellen und über dem Backenknochen. Die Nase war geschwollen, aber nicht gebrochen. Das rechte Unterkiefergelenk war sehr empfindlich, und sie konnte den Mund nur wenig öffnen. Die Patientin hatte an dieser Stelle bedeutende Schmerzen, sowie auch starke Kopfschmerzen.

Verlauf und Behandlung. Durch Vibrationen und leichtes Kneten verschwand der Schmerz und die Geschwulst nahm ab. Die Lippenwunden wurden durch Heftpflaster zu-

zusammengebracht, da die Kranke mir nicht erlauben wollte, sie zuzunähen; diejenigen am Kinn liess ich offen. Ich gab gegen die Kopfschmerzen Nervenfrictionen im Nacken. Die Patientin fühlte sich beim Fortgehen ziemlich wohl.

8. August. Als sie am folgenden Morgen zu mir kam, war ausser am linken Augenlide nirgends eine dunkle Verfärbung zu sehen. Der Unterkiefer war beweglicher; sie hatte ziemlich gut geschlafen, war aber dann und wann aufgewacht, wenn sie sich auf die Seite, wo sich die Verletzungen befanden, legte. Alle sensiblen Nervenäste am Schädel und an der Stirn waren höchst empfindlich.

Am Abend ging ich nach ihrem Hause und behandelte sie noch einmal. Am Nachmittage hatten sich Uebelkeit mit Schwindel eingestellt, welche bis sieben Uhr abends als ich meinen Besuch machte zunahmen. Sie konnte kein Licht im Zimmer vertragen und wollte unter keiner Bedingung die Augen öffnen. Der Puls schlug etwas unregelmässig, 70 mal die Minute. Wie sie sagte, war der Sitz des Schmerzes in der Mitte des Kopfes. Sie war etwas schläfrig. Ich gab ihr ungefähr zwanzig Minuten lang über das zweite Paar der Nackennerven Frictionen und leichte Vibrationen am Auge (Fig. 32, 40). Die Kopfschmerzen waren dadurch besser geworden und sie konnte die Augen öffnen, weil ihr das Gaslicht nicht mehr unangenehm war.

Das Gefühl der Uebelkeit blieb, ich wandte daher allgemeine Pétrissage des Unterleibes an, von leichten Vibrationen in der Magengrube begleitet. Darauf verschwand die Uebelkeit. Sie schlief während des letzten Teiles der Behandlung ein, aber wachte eine Stunde später mit demselben Gefühl der Uebelkeit wieder auf, welches ich wieder wegbrachte, worauf sie abermals einschlief. Dies ereignete sich dreimal hintereinander, bis Mitternacht, als ich fortging. Ich blieb so lange, weil es der erste Fall dieser Art war, den ich dieser Behandlung unterworfen hatte.

9. August. Nachdem ich die Kranke verlassen hatte, schlief sie mit einigen Unterbrechungen bis zum Morgen. Die Kopfschmerzen und auch die Uebelkeit waren fort, aber sie

sagte, dass sie sich noch nicht ganz klar im Kopfe fühle. Um die geschundenen Stellen, die alle sehr gut heilten, war die Haut gelblich. Der Schorf über der Quetschung am Kinn schälte sich ab. Die Aeste des fünften Kopfnerven auf der Stirn waren noch sehr empfindlich. Frictionen über dieselben verursachten ein leichtes Gefühl von Uebelkeit. Einmal am Vormittag behandelt.

10. August. Gestern Nachmittag kehrte die Uebelkeit zurück, aber nur in einem mässigen Grade; auch hatte sie etwas Kopfweh; beides ging bald vorüber.

Schlief während der Nacht sehr gut. Heute Morgen kein Gefühl von Uebelkeit; keine Kopfschmerzen; Kopf klar. Alle Quetschungen und Wunden geheilt.

11. August. Die Kranke fühlt sich sehr wohl. Ich hörte mit der Behandlung auf, doch sagte ich ihr, es mich sofort wissen zu lassen, wenn Uebelkeit oder Kopfschmerzen sich wieder einstellten, was aber nicht vorkam.

## XXV. Ulcerierte äussere Hämorrhoiden.

Herr C. S. 42 Jahre alt, Ingenieur in London. Der Kranke hat ein nervöses Temperament, lebt gut und ist sehr vollblütig. Verdauung schon seit mehreren Monaten gestört; hat seit lange einen nervösen Husten gehabt, der wahrscheinlich aus dem Magen kommt. Im Anfang Januar 1888 ging er nach Brighton wegen Luftveränderung, da er sich sehr verstimmt fühlte. Während er da war, las er von den wunderbaren Eigenschaften gewisser Pillen und ihrer blutreinigenden Wirkung. Er fing sofort an, dieselben zu probieren und zwar in ziemlich grossen Mengen. Die Wirkung derselben war eine heftige Diarrhoe, auf welche eine gleich hartnäckige Verstopfung folgte, von unangenehmen äusseren Haemorrhoiden begleitet. Nun ging er von Brighton nach Hastings, wo er schlimmer wurde und zu Bett liegen musste. Die Hämorrhoiden fingen an sich zu entzünden und zu eitern. Zuletzt wurde Herrn S. geraten, nach London zurückzukehren, um sich einer Operation zu unterziehen. Der Gedanke daran flösste ihm aber Furcht ein und er kam am 21. Februar 1888 zu mir.

Sieben Geschwüre hatten sich um den Anus gebildet und die umgebende Röte, die sehr intensiv war, dehnte sich weit über die Gesässgegend aus. Mehrere der Geschwüre waren zwei cm. lang und einen halben cm. breit. Die Ränder waren erhaben.

Ich wünschte eine vollständige innere Untersuchung vorzunehmen, aber der Kranke wollte es wegen der Schmerzen, die sie ihm in Hastings verursacht hatte, nicht zulassen. Er litt sehr beim Gehen. Der Stuhlgang machte ihm viele Schmerzen, welche auch noch eine beträchtliche Zeit nachher anhielten.

Verlauf. Ich behandelte ihn sofort etwas länger als eine halbe Stunde, wobei es mir gelang Schmerz und Reiz etwas zu lindern; Am Abend brauchte ich ebenso viel Zeit.

22. Febr. Er fühlte sich bedeutend erleichtert und die Röte der Gesässgegend war verschwunden.

24. Febr. Von Tag zu Tag wurde er besser und konnte bequem umhergehen.

26. Febr. Die Geschwüre hatten ihr entzündetes Aussehen vollständig verloren, waren eingesunken und kleiner geworden. Der Stuhlgang verursachte keinen Schmerz.

27. Febr. Der Kranke reiste auf eine sechs wöchentliche Tour nach dem Continent ab; die Geschwüre heilten bald und er hatte durchaus keine Beschwerden mehr.

Behandlung. Ich wusch die Geschwüre zuerst mit einer Lösung von Sublimat (1—2000). Dann legte ich ein feuchtes Stück Lint über die Geschwüre, darüber Guttapercha, um zu verhindern, dass sich die Wärme meiner Hände bei den Vibrationen den entzündeten Haemorrhoiden mitteilte. Ich behandelte den Kranken bis zum 24. zweimal täglich, die Dauer der Behandlung nahm bei jeder Sitzung ab.

Ich gab auch Frictionen über die sensiblen Zweige der Kreuzbeinnerven und über die der Gesässgegend. Danach gab ich Erschütterung und Tapotement der Leber. Nerven-Frictionen im Rücken dem unteren Winkel des rechten Schulterblattes gegenüber und zuletzt allgemeine Pétrissage des Unterleibes. Ich versah den Kranken mit etwas Sublimatlösung und Lint für die Reise, um die Geschwüre rein zu halten.

### XXVI. Steifes Knie mit Gewalt gebrochen.

Der folgende Fall datiert bis in den Sommer 1884 zurück, zu welcher Zeit ich meines Bruders Institut in London vorstand. Dr. Thomas Easton aus Stanrear hielt sich damals dort auf, um die Behandlung zu studieren. Er hatte die Güte, mir die Notizen, die er von dem Falle machte, zu schicken. Es sind folgende:

„Paul W., Holly Bank, Scheffield, Ingenieur, litt viele Jahre an Rheumatismus. Er zog sich denselben in einem Kohlenbergwerke zu, wo er oft Feuchtigkeit und Kälte ausgesetzt war. Zuerst beschränkte sich der Rheumatismus hauptsächlich auf die rechte Schulter. Im Februar 1883 fühlte er den Schmerz im rechten Knie, aber nachdem er es ein paar Tage mit kaltem Wasser behandelt hatte, verschwand er. Danach kam eine Zeit von sechs Monaten, während welcher seine Gesundheit sehr gut war. Im November desselben Jahres kehrte der Rheumatismus zurück, und seine rechte Schulter wurde stark davon mitgenommen. Dann fiel er, wobei er das rechte Knie verletzte. Der Rheumatismus breitete sich nun mehr über den Körper aus, ergriff die linke Hand und schien sich endlich beständig im rechten Knie festzusetzen. Der Kranke war zehn Wochen lang an das Bett gefesselt, während welcher Zeit er sein Knie ruhig halten musste.

Heisse Umschläge und Blasenpflaster wurden versucht und darauf Quecksilbersalbe, aber das Ende der Krankheit war ein steifes Knie. Einen oder zwei Monate später kam er zu Mr. Kellgren in Eaton Square einen Monat in Behandlung, machte aber nur geringe Fortschritte. Dann ging Mr. W. nach Cardiff und seine ärztlichen Ratgeber dort brachen einen Teil der Adhäsionen im Kniegelenk in zwei Operationen unter Chloroform-Aether-Narkose. Nach den Operationen wurde das Knie in eine gebogene Schiene gelegt. Im Herbst 1884 kehrte der Patient nach Eaton Square zurück, und in Abwesenheit von Mr. Kellgren wurde die Behandlung, der er vorher unterworfen gewesen war, von Mr. Arvid Kellgren wieder aufgenommen. Er machte nur langsame Fortschritte und litt grosse Schmerzen. Da wurde ihm angeraten, er möchte sich die Adhäsionen im Kniegelenk noch einmal unter Chloroform-Narkose brechen lassen. Demgemäss chloroformierte ich ihn, während Mr. Arvid Kellgren die Adhäsionen rings am Knie löste. Die Operation wurde innerhalb eines Zeitraumes von vierzehn Tagen zweimal vorgenommen. Das erste Ablösen geschah nur teilweise, aber beim zweiten Male am 10. September wurden die Adhäsionen vollständig gelöst, wobei der Unterschenkel gegen den Oberschenkel, so weit als bei normalen Verhältnissen nur möglich, gebeugt wurde. Der Schmerz war nach der Operation sehr stark und die Anschwellung um das Gelenk herum beträchtlich, aber nachdem Pétrissage und Effleurage angewandt worden waren, verschwanden die Schmerzen beinahe.

11. Sept. Donnerstag. Der Kranke verbrachte eine ziemlich gute Nacht, obgleich er recht stark fieberte. Der Schmerz verursachte ihm nur geringes Unbehagen. Fühlte in der Nacht krampfhaftes Zucken im Kniegelenk.

Bei der Untersuchung fanden wir, dass das Gelenk mehr als am vorigen Abend geschwollen war, und dass sich vorn, gerade unter der Kniescheibe, eine leichte Verfärbung befand. Darauf wurde das Gelenk bewegt und active und passive Bewegungen versucht. Nach den Bewegungen wurde Pétrissage gegeben. Puls 82. Temperatur 99° F. Der Kranke erklärte sich nach der Behandlung sehr erleichtert.

12. Sept. Freitag. Der Kranke fieberte. Temperatur 99,5° F. Puls 84. Die Spannung im Knie war grösser und die Fläche der Verfärbung hatte sich viel weiter nach vorn hin ausgebreitet. Pétrissage, Effleurage und leichtes, passives Biegen und Strecken des Gelenkes wurden wieder vorsichtig angewandt. An demselben Abend stieg die Temperatur auf 100° F., aber nach der Behandlung fiel sie auf 99° F.

14. Sept. Sonnabend. Temperatur 99,2° F., fiel nach der Behandlung auf 98,8° F. Puls 79. Anschwellung noch gross. Die Verfärbung noch ausgebreiteter, Schmerz geringer, aber krampfhafte Zuckungen.

Am selben Abend Temperatur 99,6° F.; Puls 82. Nach der Behandlung gingen sie auf 98,8° F. resp. 78 herunter. Die Anschwellung war noch bedeutend, aber die Farbe des Blutergusses hatte sich verändert, eine geringe Bewegung im Gelenk ging leichter und schmerzlos.

16. Sept. Montag. Temperatur 99,2° F. Puls 84. Anschwellung noch bedeutend, und die zuckenden Schmerzen unangenehm beim Einschlafen.

Während der folgenden Tage legte sich der Schmerz beim Bewegen bedeutend, die Verfärbung und Anschwellung nahmen rasch ab.

Am Sonntag den 15. war der Kranke die Treppe hinuntergegangen und nach vierzehn Tagen kam er in die Anstalt. Am 20. October verliess er London, obgleich wir ihm sagten, dass ein längerer Aufenthalt nötig wäre. Am 1. November schrieb er folgendermassen: Ich finde, dass ich ziemlich gut gehen kann, obgleich sich das Bein nicht viel über einen rechten Winkel beugen lässt, auch lässt es sich nicht vollständig wie das andere strecken."

So lange der Kranke zu Hause blieb, wurde er zweimal täglich behandelt, jedesmal eine halbe Stunde, nachher einmal täglich. Den folgenden Frühling reiste er durch London und kam in die Anstalt um zu zeigen, dass sein Knie wieder vollständig normal war.

### XXVII. Infra-Clavicular-Luxation des linken Oberarmbeines.

Marcus F., 47 Jahre alt, Arbeiter, kam am 21. Februar 1889 mit einer ausgesetzten linken Schulter in das Marine-Hospital in Pola. Er sagte, dass am vorhergehenden Tage eine Wagenladung Sand auf ihn gefallen wäre. Der Schmerz in der linken Schulter war so gross, dass er sich ohnmächtig fühlte und sich nicht ohne Beistand aufrichten konnte. Bei der Untersuchung stellte sich heraus, dass der Kopf des Oberarmbeines unter dem Schlüsselbein stand. Die Anschwellung durch den Erguss war bedeutend und dehnte sich über den ganzen Oberarm aus, an dessen inneren Seite sich die Verfärbung zu zeigen begann.

Am 22. wurde der Kranke am Morgen chloroformiert und der Oberarm wieder eingerenkt. Der Arm wurde nachher in eine gewöhnliche Schlinge gelegt.

23. Febr. Ich begann mit passiven Bewegungen, nämlich mit Pétrissage, Effleurage, Rollen (Fig. 50). Unnötige Bewegung an der Schulter während der Pétrissage und Effleurage wurde dadurch verhindert, dass ich mit der einen Hand den Arm streckte und fest an die Seite drückte, während ich mit der anderen arbeitete.

24. Febr. Keine Behandlung.

26. Febr. Der Arm konnte während des Rollens in Schulterhöhe geführt werden. An der Innenseite des Oberarmes war grosse Verfärbung. Am Tage vorher hatte der Kranke versucht, den Arm selbst zu bewegen und ihn teilweise wieder ausgerenkt, weshalb der Kopf des Oberarmbeines auf dem vorderen und unteren Rande der Gelenkpfanne stand. Um zu verhindern, dass dergleichen wieder vorkam, wurde der Arm über der Brust festgebunden. Fing mit activen Bewegungen an.

1. März. Er konnte den Arm horizontal vorwärts strecken, und wenn er die Hand gegen die Wand des Zimmers stützte, konnte er ihn nach und nach ebenso hoch wie den anderen Arm hinaufbringen. Rollen, Strecken und Beugen gingen viel freier. Wenn er sich in halb liegender Stellung mit gestütztem Rücken befand, konnte ich seinen linken Arm ohne Schwierigkeit ausstrecken. Er konnte die Hand auf den Nacken legen.

6 März. Der Arm wurde frei gelassen, und ihm anempfohlen, denselben oft während des Tages zu bewegen. Er kann mit der Hand des verletzten Armes ebenso hoch wie mit der des gesunden reichen.

7. März. Die activen Bewegungen bei Widerstand zeigen, dass die Muskeln um die verletzte Schulter ihre Kraft fast voll-

ständig wiedererlangt haben. Die topographische Erscheinung der Schulter ist normal.

14. März. Zum letzten Mal behandelt, aber ihm wurde noch eine zweitägige Arbeitsruhe gestattet.

Der Kranke wurde mit Ausnahme des 24. und 25. Februar, des 3. und 10. März, täglich einmal fünfzehn bis zwanzig Minuten lang behandelt.

## XXVIII. Bruch des untern Endes des linken Radius.

A. R. Matrose, 20 Jahre alt, im Maschinenraum beschäftigt. Am 10. December 1888 fiel er auf die dorsal gebeugte linke Hand. Heftige Schmerzen, Bluterguss und Schwellung stellten sich ein. Ein schräger Knochenbruch hatte am unteren Ende der Speiche stattgefunden, der unten auf der ulnaren Seite begann und nach aussen und oben weiter ging. Der Arm war in Schienen gelegt, die auf meinen Wunsch abgenommen und nicht wieder angelegt wurden, so lange er in meiner Behandlung blieb.

Verlauf und Behandlung. 12. Dec. Ich fing die Behandlung an, die in Petrissage, Effleurage und anderen passiven Bewegungen, Rollen (Fig. 51) u. s. w. bestand. Der Kranke fühlte sich nach der Behandlung bedeutend leichter, da der Schmerz am Bruch und Gelenk nachgelassen hatte.

15. Dec. Anschwellung fast fort. Bei passiven Bewegungen fühlt er etwas Schmerzen am Sitze des Bruches.

16. Dec. Er fühlt bei den passiven Bewegungen noch immer Schmerzen an der Bruchstelle; kann die Hand am Handgelenk beinahe normal und ganz schmerzlos strecken und beugen, aber bis jetzt noch nichts aufheben. Der Erguss ist so weit verschwunden, dass die Sehnen der Beugemuskeln deutlich wahrnehmbar sind. Active Bewegungen mit leichtem Widerstand begonnen.

17. Dec. Während der Nacht hat er ohne irgend welche üblen Folgen auf dem Arm geschlafen. Die activen Bewegungen gehen besser, aber er kann doch noch nichts aufheben; kann die Hand vollständig und zwar ziemlich fest schliessen. Freie Supi-

nation und Pronation der Hand möglich; fühlt noch an der Bruchstelle Schmerzen, wenn Widerstand geleistet wird. Die passiven Bewegungen wie Rollen, Beugen und Strecken, sind schmerzlos.

18. Dec. Active Beug- und Streckbewegungen können gemacht werden, ohne dass der Arm an der Bruchstelle umfasst wird.

21. Dec. Hörte mit der Behandlung auf, da ich Pola verliess. Keine Bewegungen verursachten Schmerz, alle waren normal und der Kranke konnte leichte Sachen, wie Bücher u. s. w., aufheben.

Die Behandlung dauerte täglich ungefähr eine viertel Stunde. Gab ich Pétrissage und Effleurage, so gab ich dem ganzen Arm auf einem Tische eine feste Lage und hielt mit der linken Hand die Bruchstelle fest, so dass keine Verschiebung dort vorkommen konnte. Während der anderen passiven und der activen Bewegungen umfasste ich den Bruch mit einer Hand, so dass die Stücke bei denselben unbeweglich blieben. Da niemand in Pola war, der diese besondere Art der Behandlung fortsetzen konnte, wurden die Schienen wieder angelegt, als ich fortging.

## XXIX. Steifheit des Ellbogengelenkes nach Bruch am oberen Ende des rechten Radius.

H. J., Lieutenant in der k. k. österreichischen Marine, kam am 27. Januar 1889 in das Hospital in Pola, nachdem er von einem Bicycle auf den rechten Ellbogen gefallen war. Grosse Schmerzen, Unbeweglichkeit und Anschwellung waren im Gelenk vorhanden.

28. Jan. Die gequetschte Stelle war stark verfärbt; abnorme Bewegung und Crepidation wurden ungefähr zwei Finger breit vom Köpfchen der Speiche gefühlt. Der Arm wurde in einen Gipsverband und in einem rechten Winkel in der Mitte zwischen Supination und Pronation gehalten.

18. Febr. Der Gipsverband wurde abgenommen und man ersuchte mich, die abnorme Stellung zu verbessern.

Der Ellbogen war sehr wenig beweglich. Das Strecken und Beugen betrug ungefähr 20° nach jeder Richtung hin, wenn man den rechten Winkel als Ausgangspunkt annimmt. Supination und Pronation nicht möglich. Das Handgelenk war steif und liess nicht viel Bewegung zu. Auch war es sehr schwach.

Er konnte nur das vorgestreckte Kinn oder die Stirn, wenn der Kopf nach vorn gebeugt war, mit der Daumenspitze berühren. Es wurde ihm schwer, die Hand auf den Rücken zu bringen, und er war unfähig, sie höher als bis zur Lendengegend zu erheben. Wenn der Arm passiv gestreckt wurde, konnte man die Sehne des Biceps sehr straff gespannt fühlen. Anschwellung war besonders noch an der Aussenseite des Ellbogens vorhanden und dehnte sich nach oben und unten ein paar Zoll aus, wodurch die Umrisse undeutlich wurden. Bei Druck entstanden tiefe Gruben, die sich eine Zeit lang hielten.

Schmerz wurde bei Druck auf der Anschwellung an der Bruchstelle gefühlt; ebenso am Ellbogen und an den Handgelenken bei Bewegung im ulnaren Nerv, wo er hinter dem inneren Condylus des Oberarmbeins läuft.

Am 18. Februar übernahm ich den Fall. Die Behandlung bestand aus Pétrissage, Effleurage und anderen passiven sowie auch activen Bewegungen, einige mit, andere ohne Widerstand. Ich gab sie alle vom allerersten Tage an. Während der Behandlung wurde oft ein Knacken durch das Zerreissen der organisierten Ergüsse gehört.

9. März. Der Arm hat seine Kraft wiedergewonnen. Das Beugen und Strecken war so viel besser, dass der Bewegungswinkel 160° war. Supination und Pronation waren schon am 6. normal; der Kranke konnte mit dem Säbel alle Fechtbewegungen sehr gut machen. Kein Schmerz im Ulnarnerv bei starker Beugung; keine Bewegung verursachte Schmerz; jede wurde mit Freiheit und Leichtigkeit gemacht.

16. März. Beugung und Streckung des Ellbogengelenks waren beinahe normal. Wenn der Kranke seine Hand auf den Nacken legte, konnte er mit den Fingern zwischen die Schultern und wenn er die Hand auf den Rücken brachte, so konnte er damit an die Schulter derselben Seite (nämlich der rechten) reichen.

FÄLLE ZUR ERLÄUTERUNG DER BEHANDLUNG. 177

Der Patient hatte schon am 9. das Hospital verlassen, um seinen Seedienst wieder aufzunehmen. Vom 16. an blieb er mehrere Tage fort und kam später noch einige Male zur Behandlung zurück.

Die Behandlung wurde einmal täglich gegeben und dauerte ungefähr zwanzig Minuten; sie wurde wegen der Verkürzung des Biceps und des Schmerzes im Ulnarnerv, der durch den Erguss um denselben verursacht worden war, länger als gewöhnlich vorgenommen.

Fig. 76.

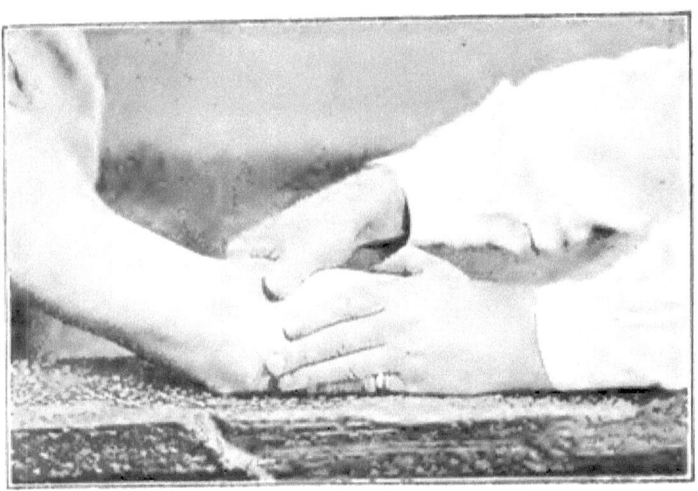

Ich möchte bei dieser Gelegenheit die Aufmerksamkeit auf folgende Punkte in den hierzu gehörigen Abbildungen der Bewegungen, die während der Behandlung des obigen Falles gegeben wurden, lenken. In Fig. 76, welche die Pétrissage am Ellbogen über dem Erguss daselbst zeigt, sollte beachtet werden, wie vollständig die Lage der linken Hand dem Arm eine feste Stütze bietet. Ich habe frische Knochenbrüche in der Gegend des Ellbogens sofort mit Pétrissage behandelt, ohne dem Kranken viele Schmerzen zu verursachen, weil auf solche Weise die Unbeweglichkeit des Armes gesichert wird.

In Fig. 77 beachte man die Stellung der Hände bei der Supination und Pronation des Vorderarmes. Die eine der-

178 FÄLLE ZUR ERLÄUTERUNG DER BEHANDLUNG.

selben erfasst den Ellbogen, die andere die Hand, wobei zwei Finger vorn aufs Handgelenk gelegt werden.

Fig. 77.

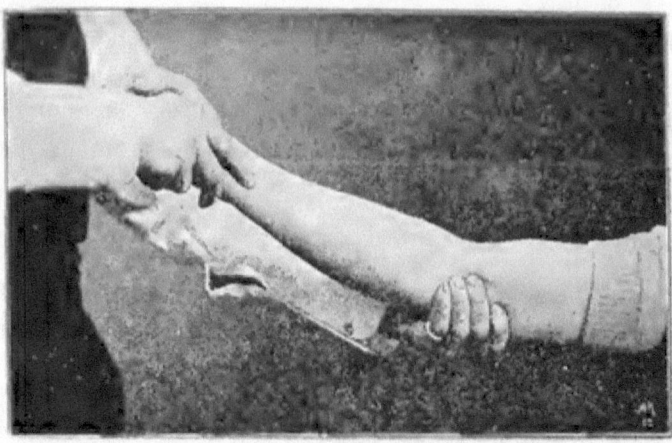

In Fig. 78 haben wir die Anwendung der Hände, um allmälig ein steifes Handgelenk beweglich zu machen. Beide Hände

Fig. 78.

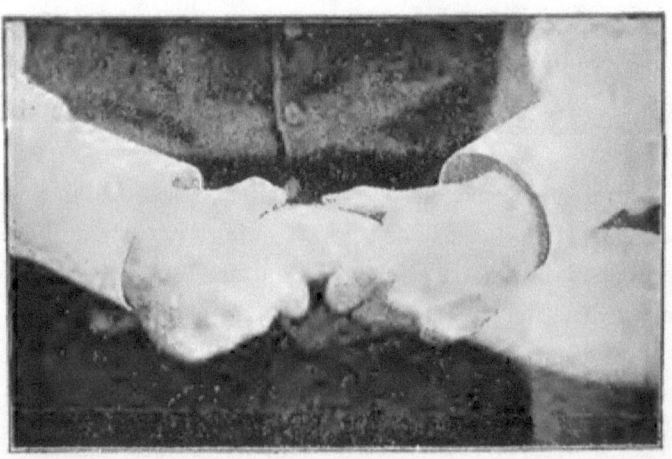

werden dicht an das Gelenk gelegt und passive Streckung und Vibrationen beim Bewegen gemacht.

## XXX. Doppelter Bruch des Wadenbeines in seinem unteren Drittel mit Bruch des inneren Knöchels.

W. R., 24 Jahre alt, Lieutenant im 97. oesterreich. Infanterie-Regiment, wurde am 1. Februar 1889 in das Marine-Hospital gebracht. Beim Reiten war sein Pferd gestürzt und sein rechter Fuss unter dasselbe zu liegen gekommen. Der Fuss war gleich nach dem Unfall stark nach innen gezogen. Der Kranke klagte über heftigen Schmerz, besonders am inneren Malleolus. Die Teile um den Knöchel waren stark geschwollen. Bei der Untersuchung ergab sich ein Bruch des Wadenbeins im unteren Drittel, wo Crepitation fühlbar war. Auch schien der innere Malleolus gebrochen, aber wegen der Schmerzen und ausserordentlichen Anschwellung konnte man nicht mit Gewissheit bestimmen in welcher Ausdehnung. Das Bein wurde in einen Petit-Stiefel gelegt. Der Schmerz wurde während der Nacht so unerträglich, dass der Kranke nach dem im Hospital wohnenden Arzt schicken musste, welcher Eisumschläge verordnete. Am 4. erschienen am inneren und unteren Teile des Beines und Knöchels mehrere Blasen, ungefähr so gross, wie ein Fünfzigpfennigstück, welche Serum enthielten. Diese wurden geöffnet und mit einem Jodoformverbande behandelt.

Am 12. Februar sah ich den Kranken zum ersten Male. Fuss und Bein waren bis zum Kniegelenk stark angeschwollen. Der Erguss war ziemlich hart und bildete bei Druck tiefe Gruben, die lange blieben.

Die Haut hatte eine grünlich gelbe Farbe. Drei besonders empfindliche Stellen waren vorhanden und nachdem ich den Kranken einige Zeit behandelt hatte, konnten die Knochenbrüche sehr gut erkannt werden. Am Wadenbein waren zwei, einer war quer 10 cm. hoch, ein anderer verlief schräg von unten nach oben und rückwärts und endete hinten ungefähr 3 cm. über der Spitze des äusseren Malleolus. Am inneren Malleolus konnte man eine längliche Furche fühlen, die an dessen Spitze anfing, 2 cm. nach oben ging und sich dann vor- und rückwärts gabelförmig teilte und 4 cm. hoch auf dem vorderen und 3 cm. hoch auf dem hinteren Rande endigte. Man konnte leicht erkennen, dass die Verletzung durch eine Quetschung verursacht worden war. Die Blasen waren nicht vollständig geheilt. Der Fuss steif.

Behandlung und Verlauf. Sie bestand wie gewöhnlich aus Pétrissage und Effleurage; andere passive Bewegungen, wie Rollen, Strecken, Beugen u. s. w. wechselten mit den ersteren ab und folgten darauf; dann active Bewegungen, teilweise frei, teilweise mit Widerstand und zuletzt Frictionen über die inneren und äusseren Kniekehlennerven.

19. Febr. Die Anschwellung am Beine hat nachgelassen, aber bleibt am Knöchel und oberen Teile des Fussrückens, obgleich bedeutend vermindert. Die Bewegungen am Knöchelgelenk gehen ziemlich gut und verursachen lange nicht so grosse Schmerzen wie zuerst. Die Verbindung zwischen den gebrochenen Teilen ist gut. Die Blasen sind geheilt. Sie hatten die Behandlung an der inneren Seite des Knöchels verzögert.

26. Febr. Die Anschwellung um den Knöchel sehr vermindert, am Fussrücken ist sie verschwunden. Die passiven und activen Bewegungen werden kaum an den Bruchstellen gefühlt. Der Kranke kann seinen Fuss frei bewegen. Ich beschloss, ihn Gehversuche machen zu lassen, was ihm bei Unterstützung auf beiden Seiten gelang. Er hielt den Fuss steif, weil er etwas ängstlich war und weil er Schmerz im Gelenk fühlte, sobald er das Gewicht des Körpers darauf ruhen liess, welches, wie er sagte, eine Art Brennen verursachte. Da ich vermutete, dass der Schmerz durch Erguss im Gelenk verursacht worden war, gab ich Fussrollen und passives Strecken und Beugen, etwas länger als gewöhnlich. Beim Gehen fühlte er an den Bruchstellen keine Bewegung. Die Wadenmuskeln waren am verletzten Beine kleiner und functionierten nicht so gut.

6. März. Ging über fünf Minuten im Zimmer auf und ab. Der Fuss wurde sehr rot, aber im Gelenk war kein Schmerz vorhanden. Er ging ohne Beistand ziemlich rasch und sicher.

Der Fuss war noch etwas steif. Von heute ab lagen Fuss und Bein frei.

12. März. Er ist täglich mehr und mehr gegangen und jedesmal mit grösserer Leichtigkeit. Um die Steifheit zu vermindern und die Wadenmuskeln anzuregen, musste er die in Fig. 58 gezeigte Bewegung machen. Als er das zum ersten Male that, glitt er aus und verdrehte sich den Fuss. Dieses verursachte ihm an den Bruchstellen Schmerz, aber derselbe verschwand rasch durch Behandlung.

13. März. Während der Nacht hatte er in geringem Masse an allen Bruchstellen Schmerzen gefühlt. Wurde wie gewöhnlich behandelt und musste wie vorher gehen.

14. März. Gestern und vergangene Nacht frei von Schmerzen. Die Anschwellung, die sehr hartnäckig auf der inneren Seite des Knöchels und um die Achillessehne ist, hat bedeutend nachgelassen. Die Bewegungen des Fusses sind normal, ausgenommen die Dorsal-Flexion, die durch die Achillessehne und durch die Sehnen, welche um den verdickten, inneren Malleolus herunterlaufen, etwas gehindert wird. Die Muskelkraft ist gut entwickelt. Dem Kranken ist gestattet, sich anzukleiden und im Zimmer umherzugehen, muss jedoch beim Sitzen das Bein in der horizontalen Lage halten.

19. März. Ging gestern zum ersten Male aus. Hatte zwei Treppen hinauf und hinunter zu gehen. Das Hinuntergehen wurde ihm etwas schwer, aber das Hinaufgehen nicht. Ging am Nachmittage wieder aus und ging ungefähr eine Stunde lang im Hospitalgarten spazieren. Der Kranke durfte seine gewöhnlichen Stiefel nicht anziehen, sondern gebrauchte ein grösseres Paar.

23. März. Ging gestern mit seinen gewöhnlichen Stiefeln in die Stadt. Fühlte nur etwas Steifheit im Knöchel. War über drei Stunden auf den Füssen. Nimmt grosse Schritte.

30. März. Geht nächsten Montag, den 1. April, auf Urlaub fort. Heute zum letzten Male behandelt.

Die Malleoli sind durch die Ergüsse an den Bruchstellen verdickt. Sie messen im Vergleich zu den gesunden: der innere Malleolus auf der gebrochenen Seite $4\frac{1}{4}$ cm. breit; auf der gesunden 3½ cm.; äussere Malleolus 3½ cm. auf der gebrochenen 3 cm. auf der gesunden Seite.

Der Fall hätte vom ersten Tage an mit Heilgymnastik behandelt werden sollen. Dann würde dem Erguss niemals Zeit gelassen worden sein, sich so festzusetzen, wie es jetzt geschehen war und die Wiederherstellung würde viel rascher erfolgt sein. Die Abbildung (Fig. 79) zeigt, wie der Daumen längs des Wadenbeines liegt, um als Schiene zu dienen, während man den Fuss streckt und beugt.

Ich traf den Patienten Ende April auf meiner Reise nach Wien. Er ging damals gut und nur wenn er sehr rasch ging, konnte man sehen, dass sein Fuss verletzt gewesen war.

Fig. 79.

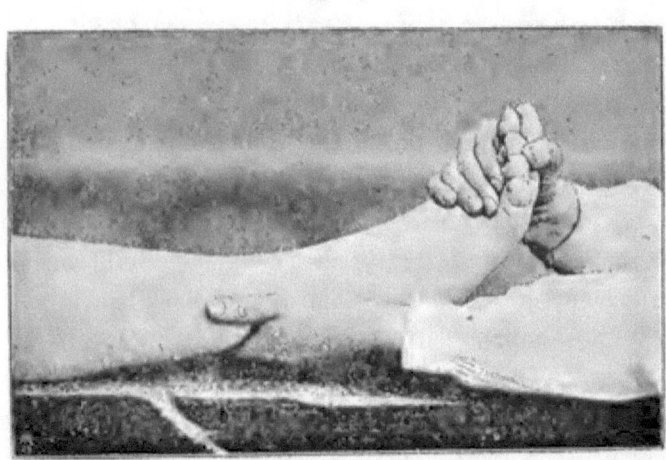

Der Kranke wurde an den folgenden Tagen nicht behandelt — 17., 24. und 25. Februar; 3., 10., 17., 24., 25., 26. und 27. März.

Wenn man sich den Bau des Fusses vergegenwärtigt, kann man sehen, dass es möglich ist, ihn ohne Gefahr ein- und auswärts zu beugen, vorausgesetzt, dass man die Vorsicht braucht, die Hand über die Bruchstelle zu legen und den Fuss rechtwinklig mit dem Beine zu halten. Bekanntlich finden diese Bewegungen nicht im Knöchelgelenk statt, sondern hauptsächlich am Astralago-calcaneo-cuboidal-Gelenk, und folglich werden die Knochen des Unterschenkels durch diese Bewegungen nicht von einander getrieben.

## XXXI. Doppelter Bruch des Wadenbeines im unteren Drittel, ohne Schienen behandelt.

Am 15. Januar 1889, als Frau L. 43 Jahre alt, aus ihrem Wagen steigen wollte, glitt sie aus und fiel hin. Sie versuchte aufzustehen und fiel nochmals. Beide Male hörte sie ein deutliches Knacken im linken Knöchel. Als sie zum zweiten Male fiel, wurde sie ohnmächtig.

Bei der Untersuchung stellte sich heraus, dass das Wadenbein an zwei Stellen gebrochen war; der eine Bruch verlief schief von unten nach vorne und nach aussen ungefähr 10cm.; der andere quer ungefähr 3cm. von der Spitze des äusseren Knöchels. Am oberen Ende der Verletzung waren die Knochenstücke etwas aus ihrer Lage gerückt, und da erschien der Erguss zuerst; am unteren Ende hatte keine Verschiebung stattgefunden, aber der Bruch konnte sehr gut gefühlt werden, wenn der Fuss einwärts gedreht wurde.

Verlauf. 15. Jan. In der Zeit zwischen den zwei ersten Behandlungen am Tage des Unfalls wurde die Anschwellung nicht viel grösser und die Kranke hatte keine Schmerzen.

16. Jan. Während der vorigen Nacht hatte sich ein grosser Erguss um den Knöchel, über den Rücken des Fusses und nach oben hin bis nach dem oberen Drittel der Wade, gebildet. Der Erguss war nicht sehr gespannt und bildete bei Druck leichte Gruben, die aber rasch verschwanden. Entfärbung bestand nicht. Die Kranke hatte gut geschlafen und eine schmerzlose Nacht gehabt.

23. Jan. Der Erguss war fast gänzlich verschwunden und nur über den Bruchstellen und auf der inneren Seite des Knöchels geblieben: der Grund von dem Vorhandensein desselben an der letzten Stelle war, wie ich glaube, Gicht, die als Complication bestand. Ausser einer leichten gelben Färbung hatte keine Entfärbung des Beines im allgemeinen stattgefunden; aber hoch oben an der hinteren Fläche der Wade bemerkte ich am Morgen

des 17. eine dunkelblaue Färbung, was mir bewies, dass ich auf der hinteren Seite des Beines nicht ausgedehnt genug behandelt hatte.

Schmerz war nicht vorhanden. Der Schlaf war ungestört gewesen. Die Kranke konnte ohne viele Schwierigkeit den Fuss in einem bedeutenden Grade strecken und beugen. Eversion und Inversion gering. Wenn dieselben activen Bewegungen mit Widerstand gemacht wurden, gingen sie besser.

30. Jan. Erguss verschwunden, mit Ausnahme über den Bruchstellen und der inneren Seite des Knöchels, obgleich in viel geringerem Masse. Alle Bewegungen können leichter und kräftiger ausgeführt werden.

6. Febr. Kaum noch Erguss über dem Bruch. Auf der inneren Seite des Knöchels erscheint und verschwindet er, was von dem gichtigen Zustande herrührt. Die Kranke ist in der Woche ohne Hülfe im Zimmer umhergegangen, indem sie sich nur einfach an den Möbeln gehalten hat. An den Bruchstellen ist keine Bewegung wahrnehmbar. Active Bewegungen mit beträchtlicher Kraft ausgeführt. Sowohl diese wie die passiven sind fast normal in ihrer Ausgiebigkeit.

20. Febr. Die Kranke kann die Treppe rasch auf- und niedergehen. Die Bewegungen am Knöchelgelenke sind normal an Ausgiebigkeit und Kraft. Keine abnorme Verdickung an den Bruchstellen.

Behandlung. Schienen wurden nicht angelegt. Die Dislocation des Fusses wurde einfach durch Bewegungen gehoben. Lag, sass oder ging die Kranke, so wurde der Fuss in einem rechten Winkel zum Beine gehalten.

Pétrissage und Effleurage wurden von Anfang an gegeben, auch Vibrationen über den Bruchstellen; die ersteren wurden gegen den Erguss, die letzteren ganz hauptsächlich gegen die Schmerzen angewandt. Während der ersten Tage wurden ausserdem passive Bewegungen gemacht, wie Rollen, Beugen, Strecken, Eversion und Inversion des Fusses, um die Organisation des Ergusses, welche Steifheit zur Folge gehabt haben würde, zu verhindern. Active Bewegungen wie im vorigen Falle.

Die Kranke blieb keinen einzigen Tag zu Bett. Man half ihr jeden Morgen die Treppe hinunter. Sie musste den Fuss von Anfang an das wenige was sie konnte gebrauchen, er musste aber immer im rechten Winkel gehalten werden. Vom dritten Tage an wurde der Kranken erlaubt, auszufahren, wobei dieselbe Vorsicht mit dem Fusse gebraucht wurde, wie zu Hause.

Während der ersten Wochen wurde die Behandlung zweimal täglich gegeben.

## XXXII. Bursitis und Synovitis.

K., Kindermädchen, 30 Jahre alt. Fing am Abend des 27 Januar 1891 an heftigen Schmerz im rechten Knie zu fühlen. Derselbe wurde während der Nacht stärker. Sie fühlte sich fieberisch und konnte vor Schmerz nicht schlafen. Am Morgen konnte sie das Knie nicht bewegen, noch gehen. Dasselbe war sehr geschwollen. Die Patientin hatte kalte Umschläge gebraucht, aber das Knie wurde immer schlimmer. Sie hatte das Knie oft gestossen, kümmerte sich aber wenig um den geringen Schmerz, den es ihr verursachte, manchmal hat sie das Knie auch ein wenig verdreht.

Bei der Untersuchung fand ich das Knie bedeutend geschwollen, die Conturen waren gänzlich verloren. Es war überall, vorne und an den Seiten gleichmässig geschwollen. Vorne auf der Bursa war viel Röte vorhanden, welche nach verschiedenen Richtungen einen Durchmesser von 9 bis 10 cm. hatte. Auf den Seiten war keine Röte vorhanden.

Palpation zeigte grosse Empfindlichkeit bei leichter Berührung, auf der ganzen äusseren Seite des Knies oberhalb der Kniekappe und in einem kleinen Grade auf der inneren Seite des Knies, an; während vorne in der Mitte der roten Fläche nur wenig Schmerz vorhanden war, welcher aufwärts und abwärts auf der äusseren Seite an Heftigkeit zunahm. Die Anschwellung war aber hier härter und nur der obere Teil der Kniekappe konnte gefühlt werden.

Die Messungen des gesunden und kranken Knies gaben

nachfolgende Zahlen: Gesundes Knie 33 cm; krankes Knie 39 cm. Geringe Bewegung im kranken Knie verursachte starke Schmerzen. Die Kranke konnte nicht auf dem rechten Fuss stehen. Brennendes und heisses Gefühl im Knie.

Behandlung und Verlauf. Pétrissage wurde mit der inneren Seite der ersten und zweiten Phalanx der Finger gegeben, um die Bewegung so weich als möglich zu machen. Die hauptsächlichste Richtung der Manipulation auf der Seite, war von vorne nach rückwärts der Kniekehle zu. Danach folgten Vibrationen. Die Behandlung wurde jeden Abend ungefähr fünfzehn Minuten lang vorgenommen. Die Patientin gab an, sich nach dem ersten Male erleichtert zu fühlen.

29. Jan. Die Anschwellung ist auf den Seiten bedeutend heruntergegangen und zeigt die Vergrösserung der Bursa Patellae ganz deutlich. Der Schmerz hatte gestern nach der Behandlung fortgesetzt geringer zu werden und sie konnte deshalb die ganze Nacht durch gut schlafen. Heute Morgen hat sie sich viel leichter gefühlt, und im Knie war nicht so viel Hitze und Brennen vorhanden.

30. Jan. Die Anschwellung ist so weit gefallen, dass das beschädigte Knie nur noch 35 cm. im Umfang misst. Die Patientin hatte Gehversuche gemacht, aber dadurch Schmerzen bekommen und die Anschwellung war etwas gestiegen.

Die Anschwellung vorne vor der Kniekappe ist bedeutend vermindert, so auch die Röte. Die Empfindlichkeit auf den Seiten ist auf der äusseren vollständig fort, auf der inneren bleibt sie.

2. Febr. Schmerz wird dicht an der Kniekappe bei Berührung gefühlt, dieselbe kann jetzt aber viel fester angefasst werden.

Die Anschwellung der Bursa zieht sich schnell zusammen, aber fühlt sich bis jetzt noch fest an. Wenn die Patientin sich ruhig verhielt, hat sie seit Freitag dem 30. gar keinen Schmerz im Knie gefühlt. Nach der Behandlung war die Anschwellung der Bursa weicher, man konnte die Kniekappe deutlich durchfühlen.

5. Febr. Ist heute und gestern ohne jegliche nachteilige Wirkung herumgegangen. Während der anderen Tage war sie

genötigt gewesen, das Bein während sie aufsass in der horizontalen Lage zu halten. Knie misst 34 cm. Heute ist die Kniekappe frei; nur wenig Anschwellung unterhalb und über dem unteren Teil derselben. Die Tendo Patellae ist auch frei, auf den Seiten bleibt etwas Anschwellung, welche aber nicht hart ist. Nirgends Schmerz, nur bei starkem Druck um den äusseren Rand der Kniekappe und auf ihrer Oberfläche. Während der letzten Tage habe ich die Behandlung sehr stark gegeben.

6. Febr. Ist viel herumgegangen, auch Treppen hinauf und hinunter. Der Schmerz war dabei unbedeutend. Die Anschwellung und die Röte vollständig verschwunden.

9. Febr. Patientin vollständig gesund. Ist drei englische Meilen gegangen, ohne jegliche schädlichen Folgen.

## XXXIII. Bruch des Olecranon der rechten Ulna von partieller Lähmung und Atrophie der Armmuskeln gefolgt.

Frau —d, 75 Jahre alt, wurde am 11. Mai 1893 von einem Wagen umgeworfen und brach dabei den rechten Ellbogen. Der Arm und die Hand schwollen bedeutend an. Schienen oder Bandagen wurden nicht angelegt. Der Arm wurde einfach in einer Schlinge getragen. Während der ersten drei Wochen wurden verschiedene Salben eingerieben und nachher Frictionen gegeben.

Anfang Juni wurden ihr heisse Bäder für den Arm, von leichtem Reiben gefolgt, verordnet. Diese Behandlung wurde bis Mitte Juli fortgesetzt, zu welcher Zeit die Patientin zu mir kam. Das einzigste Resultat, welches durch die vorhergehende Behandlung erreicht worden war, war, dass die Schwellung an Arm und Hand bis zu einem gewissen Grade abgenommen hatte, aber Arm und Hand allmälig kraftlos und steif wurden, bis die Patientin den Gebrauch derselben vollständig verlor. Ihr Arzt erklärte zur Zeit, dass, da Atrophie der Nerven des Armes eingetreten sei und in Folge des hohen Alters der Patientin, wenig oder keine Aussicht auf Wiederherstellung vorhanden sei.

Am 14. Juli 1894 wurde ich gerufen und ich fand die Kranke in folgendem Zustande:

Um den Ellbogen bestand eine bedeutende, feste Anschwellung, welche sich allmälig in der Mitte des Unterarms verlor. Zwischen dem Oberarm und dem übrigen Teile der Ulna hatte sich eine fibröse Verbindung gebildet. Auf der inneren Seite des Unterarmes war vom Ellbogen an fast den ganzen Arm hinunter eine dunkelrote Entfärbung zu sehen.

Die Patientin hielt den Unterarm mit dem Oberarm in einem rechten Winkel und zwar in der Mitte zwischen Supination und Pronation; sie hielt die Hand und die Finger gebogen.

Im Schultergelenk war nur wenig Beweglichkeit; schmerzte beim Bewegen; sie konnte mit der rechten Hand weder die linke Schulter noch das Gesicht berühren; auch war es ihr unmöglich die Hand um die rechte Seite vorbei zu führen, um sie auf den Rücken zu legen. Im Ellbogengelenk war ein wenig Beweglichkeit für Strecken und Beugen vorhanden, für Supination oder Pronation aber gar nicht. Im Handgelenk war die Kraft beim Biegen verhältnismässig gut, aber beim Strecken schwach.

Die Fingerspitzen konnten nicht gegen die des Daumens gesetzt und die Hand nicht geschlossen werden. Die Ursache hiervon war teilweise darin zu finden, dass die Fingergelenke steif waren und dass der Abductor- und der Opponensmuskel des Daumens teilweise gelähmt waren, wodurch der Adductormuskel die Uebermacht bekam.

Die Kraft fehlte grössere oder schwere Gegenstände zu halten, und kleinere konnten nicht gefasst werden, wodurch es ihr z. B. unmöglich war zu schreiben oder beim Essen einen Löffel oder ein Messer in der Hand zu halten. Die Kraft beim Strecken der Finger war verringert. Die Patientin war mit einem Worte unfähig etwas für sich selbst mit dem rechten Arm zu thun.

Die N. N. musculospiralis und medianus hatten am meisten gelitten und reagierten nicht bei Frictionen; N. ulnaris reagierte nur wenig.

Die Muskeln der Schulter, des Oberarms und auf der Rückseite des Unterarms, sowie auch Abductor- und Opponensmuskeln, hatten sehr abgenommen.

Nach sechswöchentlicher Behandlung entliess die Patientin ihre Wärterin, da sie vollständigen Gebrauch des Armes und der Hand wiedererlangt hatte. Das Strecken des Armes ist noch ein wenig verhindert, da ich wegen des hohen Alters der Patientin den Arm nicht mit Gewalt strecken wollte.

Die Armnerven reagieren bei Frictionen.

Die Patientin wurde zweimal täglich behandelt und setzte noch zwei Monate damit fort.

Jetzt nach einem Jahre ist der Arm in demselben guten Zustande, wie damals, als ich mit der Behandlung aufhörte.

Die Behandlung bestand aus Pétrissage, anderen passiven, sowie auch activen Bewegungen teilweise mit, teilweise ohne Widerstand.

www.ingramcontent.com/pod-product-compliance
Lightning Source LLC
Chambersburg PA
CBHW020934230426
43666CB00008B/1676